CLEMENS HAHN (H

DR-LOKOMOTIVEN

Die Fahrzeug-Entwicklungen der Deutschen Reichsbahn 1949-1993

BILD UND HEIMAT

ISBN: 978-3-86789-400-5
1. Auflage

Umschlaggestaltung: Jörg Lübben
Umschlagabbildung - großes Bild: Schütze, kleine Bilder von links: Höllerhage, Schütze
Druck und Bindung: Salzland Druck, Straßfurt

Ein Verlagsverzeichnis schicken wir Ihnen gern:
Bild und Heimat Verlag
Zwickauer Str. 68
08468 Reichenbach (Vogtl.)
Tel. 03765 / 78150

www.bild-und-heimat.de

Inhalt

Einführung 4
H 45 024: Missglückter Start 11
99^{77-79}: „Einheitslok" für schmale Spur 12
07 1001, 08 1001, 79 001: Der „Dampflokzirkus" 14
99^{23-24}: Bewährtes auf Meterspur 16
VT 12.14: Import aus Ungarn 18
25 001: Der Traum von der Universallok 20
65^{10}: Endlich eine Neubau-Serie! 22
83^{10}: Die Nebenbahn-Tenderlok 24
25 1001: Wieder ein Versuch mit dem Staub 26
ORT 135^{7}: Oberleitungs-Revisionstriebwagen 27
23^{10}: Ersatz für die P 8 28
50^{40}: Die letzte Neubau-Dampflok 30
50^{35}: Die erste Rekolok 32
22: Die Reko-P-10 34
58^{30}: Die beste Rekolok? 36
41 (Reko): Fast eine Universallok 38
03^{10}: Dampflokstars mit neuen Kesseln 40
V 15^{10}: Die erste Diesellok 42
ET 170: An der Mauer gescheitert 43
V 60^{10}: Beginn einer Erfolgsgeschichte 44
VT 2.09.0: Die „Ferkeltaxe" 46
V 180 001, V 180 002:
Die ersten Großdiesellokomotiven 48
52^{80-82}: Die rekonstruierte Kriegslok 50
18 314: Ein Traum von einer Dampflok 52
V 15^{20-23}: Die kleine Kriegslok 54
V 36^{48}: Kein Ruhmesblatt 55
E 11: Die erste Neubau-Elektrolok 56
99^{33}: Wismut-Lokomotiven 58
23 001: Immer ein Einzelgänger 59
18 201: Der Dampflok-Star 60
V 75: Schwere Rangierlok aus Prag 62
01^{5}: Die Reko-01 65
V 180^{0}: Symbol der modernen Reichsbahn 66
E 42: Bewährte Technik 68
VT 18.16: Schnelltriebwagen für den
internationalen Verkehr 70
V 100 001, V 100 002:
Endlich eine Nebenbahn-Diesellok 72
V 60^{12} ff.: Allgegenwärtige Rangierlok 73
19^{0}: Rekos für den Versuchsdienst 74
V 180^{1}: Stärkere Motoren 76
E 251: Für die Rübelandbahn 78
VT 2.09.01 80
VT 4.12.01: Der große Schienenbus 81
VT 4.12.02: Noch ein Einzelgänger 82
ET 25 201: Der Ost-„Eierkopf" 83
V 100: „Mädchen für alles" 84
V 200: Die „Taigatrommel" 87
V 180^{2-4}: Die sechsachsige Variante 88
E 211 001: 50-Hertz-Versuchsträger 90
V 23^{0}: Mehr Leistung 91
ORT 137^{7} 92
VT 2.09.2 93
V 30 001c: Indonesierin im Harz 94
03: Noch eine Rekolok? 95
102.1: Die „Gartenlaube" 96
279 201: Bergbahn-Triebwagen 97
V 300/130: Sowjet-Import mit 3000 PS 98
118.6-8: Neue Motoren 101
131: „V 300" für Güterzüge 102
118.5: Mehr Leistung! 103
132: Endlich mit Zugheizung! 104
280: S-Bahn-Baumuster 106
250: Kraftpaket für Güterzüge 108
142: Die stärkste Diesellok 110
119: „Karpatenschreck" 112
108/298: Dieselhydraulik mit Pfiff 114
276.1: Aufgefrischte S-Bahn-Züge 116
279.0: Elektrisch nach Buckow 117
270: Vorserien-S-Bahn 118
112: Neu motorisiert 119
212 001: Die „Weiße Lady" 120
110.9: Die „Wühlmaus" 122
111: Die Güterzug-V-100 123
114: Noch stärkerer Motor! 124
279 205: S-Bahn-Design im Thüringer Wald 125
143: Kein Trabi auf Schienen 126
270: S-Bahn für die Hauptstadt 128
105/106: Auf breiter Spur 130
188.3: Die rollende Werkstatt 131
230: Zweistromlok aus Tschechien 132
199.8: V 100 auf schmaler Spur 134
212.0: Reichsbahn mit Tempo 160! 135
252: Verspätet! 136
104: Abgetourt 138
234: Aufgetourte „Ludmilla" 139
229: Im Westen ertüchtigt 140
112.1: Erste gesamtdeutsche Lok 141
Bildnachweis 142
Literatur und Quellen 144

Wer in diesem Band blättert und sich den Lokomotivpark der Reichsbahn anschaut, der muss sich wundern über die stets unausgewogene Alters- und Leistungsstruktur.

Diese Unausgewogenheit kann wohl kaum das Ergebnis einer durchdachten und konsequenten Beschaffungspolitik sein. – In der Tat: Beispielsweise änderte die Partei- und Staatsführung der DDR mehrmals ihre Meinung, ob nun die Elektrifizierung oder die „Verdieselung" der Eisenbahn richtig sei. Und sie traf ihre Entscheidungen immer wieder über die Köpfe der Fachleute hinweg.

Umso höher sind die Leistungen des DDR-Schienenfahrzeugbaus wie auch der Maschinenwirtschaft und der Ausbesserungswerke der Deutschen Reichsbahn zu bewerten, die über vierzig Jahre hinweg unter oftmals schwierigsten materiellen Bedingungen Neu- und Umbauten von hohem technischem Niveau hervorbrachten. Beispielhaft genannt seien die Reko-Dampflokomotiven der Baureihe 01^5, die Diesellokomotiven der V 180-Familie und die Elektroloks der Baureihe 212/243 – als 112/143 deutschlandweit eingesetzt.

Der Nachkriegs-Lokomotivbau in der sowjetischen Besatzungszone begann bei Borsig in Hennigsdorf, wo zunächst einige Maschinen der Baureihe 44 sowie drei 42er fertig gestellt wurden, für die noch Teile vorrätig waren. Aufgrund der ersten Kriegsbeuteabkommen mussten in den Werken ansonsten Dampflokomotiven für die UdSSR gebaut werden. Das waren vor allem Schmalspurmaschinen. Die Lieferverpflichtungen an Wagen, Lokomotiven und Schrottfahrzeugen gemäß der deutsch-sowjetischen Abkommen waren bis 1951 erfüllt.

Endlich konnte das Neubauprogramm für die Deutsche Reichsbahn in Angriff genommen werden. Deren Park an betriebsfähigen Regelspurloks war in Folge der Kriegsverluste zu klein, überaltert und in einem beklagenswerten Erhaltungszustand. Die Verantwortlichen bei der DR dachten an Schnellzug-, Personenzug- und Güterzuglokomotiven und legten folgendes erstes Typenprogramm vor:

- Schnellzuglok 2'C1' h3 (BR 01^{20} – nicht gebaut),
- Universallok 1'D h2 (BR 25^{10}),
- Personenzuglok 1'C1' h2 (BR 23^{10}),
- Güterzuglok 1'E1' h3 (nicht gebaut),
- Personenzugtenderlok 1'D2' h2 (BR 65^{10}),
- Güterzugtenderlok 1'D2' h2 (BR 83^{10}),
- verschiedene Schmalspurtypen für 750 und 1.000 mm Spurweite.

Bei der Deutschen Bundesbahn standen bereits ab 1950 die ersten Nachkriegs-Typen auf den Schienen (BR 23, 82, 65) – Vorbilder, an denen sich die Konstrukteure im Osten durchaus orientierten.

1954 präsentierte die Industrie mit der 25 001 und der 65 1001 die ersten Neubaulokomotiven. Den Versuchsfahrten bei der DR konnte wegen Kapazitätsproblemen im Lokomotivbau „Karl Marx" Babelsberg (LKM) nicht gleich die Serienfertigung folgen.

Wesentlich schneller ging die Entwicklung bei den Schmalspurlokomotiven voran. Die Lokfabrik in Babelsberg konnte hier unmittelbar an ihre Export-Aufträge anschließen. Unterdessen arbeitete die Reichsbahn an der Umstellung älterer Lokomotiven auf Kohlenstaubfeuerung. Ihre Entwicklung genoss einen hohen Stellenwert, weil die DDR nur mehr über Braunkohle verfügte. Die Kohlenstaubfeuerung war von Hans Wendler aus den Vorkriegs-Versuchen heraus weiterentwickelt und zur Betriebsreife geführt worden. Als erste Maschine wurde 1950 die 58 1208 umgerüstet. In den folgenden Jahren wurden Loks der Reihen 58, 44, 17 und 52 sowie einige Exoten umgebaut. Auch die Neubaulok 65 1004 hatte kurzzeitig eine Kohlenstaubfeuerung.

Später rückte die Ölhauptfeuerung in den Vordergrund. Das schwere Bunker-Öl war ein billiges und reichlich vorhandenes Abfallprodukt der chemischen Industrie. Als erste Lok wurde 1959 die 44 195 umgerüstet. Weitere 44er sollten folgen. Dieser Umbau wurde in der Regel bei fälligen Hauptuntersuchungen im Reichsbahn-Ausbesserungswerk (Raw) „Helmut Scholz" Meiningen durchgeführt. Für viele Maschinen standen auch neue Kessel bereit.

Die Kessel vieler Einheitslokomotiven, einschließlich der Übergangs-Kriegslokomotiven und Kriegsbauten, zeigten nämlich werkstoffbedingte „Altersschäden". Die Dramatik der Situation wurde im Oktober 1958 durch den Kesselzerknall der Dresdener 03 1046 offenbar. Im Raw Stendal lief die Rekonstruktion der BR 50 an. Die Maschinen der nunmehrigen Reihe 50^{35} erhielten neue Kessel, daneben wurden Fahrwerke und Rahmen überarbeitet. Die Kessel fertigten der Schwermaschinenbau „Karl Liebknecht" in Magdeburg (SKL) und das Raw Halberstadt an. Parallel dazu wurden in Stendal 52er generalrepariert und mit neuen Stehkesseln, Mischvorwärmern und Achsstellkeilen versehen. Die Rekonstruktion von 200 Lokomotiven der Baureihe 52 schloss sich an. Unterdessen rekonstruierte das Raw Meiningen die BR 39, das Raw Zwickau die BR 58. Ab 1961 folgte in Meiningen die BR 01. Ab 01 519 erhielten alle Reko-01 sofort eine Ölhauptfeuerung, andere wurden nachgerüstet. Auch 72 Loks der Baureihe 50^{35} erhielten die neue Feuerungsart. Insgesamt wurden 599 Dampflokomotiven nach offizieller Lesart „rekonstruiert". Hinzu kamen Neubekesselungen u.a. bei den Reihen 41, 03^{10} und 44 sowie Umbauten einiger 99er, die neue Kessel, neue Führerhäuser und zum Teil sogar neue Rahmen erhielten. Auch einige Lokomotiven der Reihen 03^{10} und 95 erhielten eine Ölhauptfeuerung.

Die neuen, rekonstruierten oder neu bekesselten Dampfloks erlaubten einen ersten, zumindest teilweisen „Generationswechsel" in der Zugförderung.

Die elektrische Traktion begann bei der Deutschen Reichsbahn nach dem Kriege bei Null. Denn nahezu alles, was zum elektrischen Betrieb nötig war – die Einrichtungen des Bahnstrom-Kraftwerks in Muldenstein, die Lokomotiven, die Fahrleitungsanlagen – war als Reparationsleistung in die Sowjetunion gebracht worden. 1952 setzte sich das Politbüro der SED dafür ein, diese Anlagen und Fahrzeuge zurückzubekommen, damit wenigstens die am meisten belasteten Strecken im mitteldeutschen Raum wieder elektrisch befahren werden konnten. 1953 begann die Elektrifizierung des 49,6 km langen Abschnitts Halle (Saale) Hbf – Köthen, Verkehrsminister Erwin Kramer eröffnete ihn am 1. September 1955.

Zur Verfügung standen 14 generalüberholte Lokomotiven der Baureihe E 44. Am 29. Dezember 1955 folgten die elektrifizierten Abschnitte Köthen-Schönebeck (Elbe), am 20. Dezember 1956 Schönebeck (Elbe)-Magdeburg und am 7. November 1958 Halle (Saale) – Leipzig.

Die Deutsche Reichsbahn hatte im Winter 1952/53 aus der UdSSR 185 Lokomotiven zurückerhalten, darunter Maschinen erheblich angejahrter Baureihen, wie E 71, E 75, E 90, E 92, die nicht wieder instandgesetzt wurden. Neben ein bis drei Exemplaren der Baureihen E 05, E 17, E 18, E 21, E 95 waren aber auch mehrere der Baureihen E 04, E 44, E 77, E 94 dabei, mit denen die DR zunächst auskam. Von diesen Altbau-Lokomotiven hielten sich die E 94 (ab 1970 Baureihe 254) und die E 44 (244) am längsten. Am 30. November 1986 rollte die 254 106 vom Hof des Raw Dessau. Sie hatte als letzte Altbau-Ellok eine Instandhaltungsstufe E 6 erhalten.

Die „Elektrifizierung" der ersten Jahre beschränkte sich also auf die Reaktivierung von Vorkriegsmaterial. Der Anteil der elektrifizierten Strecken blieb daher unzureichend, und so kam es, dass die SED auf ihrem V. Parteitag 1958 verfügte, die Elektrifizierung verstärkt fortzusetzen. Vom 25. Mai 1963 an fuhr die DR auf der Strecke Altenburg – Zwickau elektrisch und die Elektrifizierungsarbeiten im so genannten sächsischen Dreieck (Dresden – Leipzig – Zwickau – Dresden) begannen.

Im Zusammenhang mit der fortschreitenden Elektrifizierung hatte die DR ein Typenprogramm aufgestellt, zu dem die Neubaulokomotiven der Baureihe E 11 gehörten, deren erste der VEB Lokomotivbau-Elektrotechnische Werke „Hans Beimler" Hennigsdorf (LEW) Anfang 1961 zur Erprobung übergeben hatte. 1964 folgte die Güterzugversion E 42. Bis 1983 sind 96 Stück der E 11 (211) und 292 der E 42 (242) gebaut worden.

Für den elektrischen Inselbetrieb Blankenburg (Harz) – Königshütte mit 25 kV/50 Hz Wechselspannung aus dem Landesnetz (vom 10. September 1965 an) kaufte die DR 15 Co'Co'-Lokomotiven der Baureihe E 251 (251).

Parallel zur Nachkriegselektrifizierung begann schüchtern 1952 der Aufbau eines Diesellok- und Dieseltriebwagenparks. Zum ursprünglichen Typenprogramm gehörten:

- V 18, V 22 (Lokomotiven mit 180...220 PS),
- V 60 (Lokomotiven mit 650...1.200 PS),
- V 100 (Lokomotiven mit 650...1.200 PS),
- V 180 in der Achsfolge C'C' (Lokomotiven mit 2 x 650...1.200 PS),
- V 200 (Lokomotiven mit 2 x 650...1.200 PS),
- zweiachsige LVT (Triebwagen mit 180...220 PS),
- vierachsige LVT (Triebwagen mit 2 x 180...220 PS),
- SVT (Schnelltriebwagen mit 650...1.200 PS je Triebkopf).

Gemäß dieser Konzeption sollten die Hauptbauteile von gleichen Herstellern geliefert werden, den gleichen Grundaufbau haben und sich nur leistungsbedingt unterscheiden. Von vornherein wollte die DR einer Typenvielfalt begegnen.

Die Lokomotiven geringer Leistung und die Leichttriebwagen erhielten anfangs den sechszylindrigen 6 KVD 18-Viertakt-Dieselmotor vom VEB Elbewerk Roßlau, die leistungsstärkeren Lokomotiven und der Schnelltriebwagenzug die Baukastenreihe des zwölfzylindrigen 12 KVD 21-Viertakt-Dieselmotors vom VEB Kühlautomat Berlin-Johannisthal. Die Diesellokomotiven kamen vom VEB Lokomotivbau „Karl Marx" Babelsberg und vom LEW, die Leichttriebwagen vom VEB Waggonbau Bautzen, die Schnelltriebwagen vom VEB Waggonbau Görlitz.

Konzeptionell waren bereits Diesellokbaureihen mit 2400...2700 PS Leistung und mit elektrischer Zugheizung vorgesehen. Die Entwicklung verlief indes anders. Im Rangierdienst setzte 1960 die Verdieselung ein, wenn auch nur in kleinen Schritten. Die altertümlichen Tenderlokomotiven, meist aus Zeiten der Länderbahnen, wurden ausgemustert, als die Rangierlokomotiv-Baureihen V 15, V 22, V 60 kamen. Diese Lokomotiven wurden auf einigen Nebenbahnen sogar vor Reisezügen eingesetzt, mit Beiwagen von Triebwagen oder kohlenbeheizten Personen-, in den frühen sechziger Jahren sogar mit Behelfspersonenwagen, die aus dem Zweiten Weltkrieg stammten.

Anstelle der ursprünglich favorisierten C'C'-Version der Baureihe V 180 wurden 1965 zuerst Lokomotiven mit der Achsfolge B'B' (V 180^0 und V 180^0) ausgeliefert. Wegen des 57prozentigen Anteils von Strecken, die nur 16...18 t

Achslast aufnahmen, folgte später aber doch die C'C'-Ausführung.

Von der geplanten Baureihe V 240 stellte das Babelsberger Lokomotivwerk bis Anfang 1965 eine Musterlokomotive her. Die DR übernahm sie aber erst 1971, baute sie um und bezeichnete sie als 118 202. Dass statt der V 240 nun Lokomotiven aus der Sowjetunion kamen, wurde in einem Fachbuch so begründet: „Es werden Lokomotiven mit Leistungen von 3.000 bis 4.000 PS erforderlich sein. Lokomotiven dieser Leistungsgröße werden in der DDR nicht gefertigt, sondern nach den RGW-Vereinbarungen aus der UdSSR beschafft." Als weitere Begründung für den Abbruch der Entwicklung hieß es, die DDR-Industrie habe sich auf hydraulische Kraftübertragung konzentriert. Für Leistungen von mehr als 2.500 PS gelte diese aber technisch und wirtschaftlich als unzweckmäßig.

Die Alternative wäre gewesen, eigene dieselelektrische Lokomotiven zu entwickeln, für die aber neben Erfahrungen und Kapazitäten auch das Kupfer fehlte. Gerade das sollte aber mit dem Abbremsen der Streckenelektrifizierung zur selben Zeit gespart werden: Mitte der sechziger Jahre glaubten hohe Partei- und Wirtschaftsfunktionäre, die Elektrifizierung in Frage stellen zu müssen. Wichtige Gründe, die jedoch nicht offen diskutiert wurden, waren die niedrigen Kosten des von der UdSSR gelieferten Erdöls einerseits und der explodierende Elektroenergiebedarf in der DDR andererseits, bei dem die Kapazitäten für den Kraftwerksbau hinterherhinkten. Am 17. März 1966 beschloss der DDR-Ministerrat, den Traktionswechsel der DR verstärkt auf die Dieselzugförderung umzustellen. Sie sei von 3 Prozent im Jahre 1965 auf 72 Prozent im Jahre 1978 zu beschleunigen.

Dem erwähnten Ministerratsbeschluss kamen der große Exportüberhang, den die DDR gegenüber der Sowjetunion hatte, die sofortige Lieferbereitschaft der sowjetischen Lokomotivfabriken und die Mängel in der einheimischen Zulieferindustrie für die DDR-Lokomotivfabriken entgegen. Nun wurden in großen Stückzahlen dieselelektrische Lokomotiven mit Leistungen von 1.470...3.000 kW eingeführt.

Die DR musste sich der Entscheidung der Partei- und Staatsführung beugen. Weder die Hauptverwaltung Maschinenwirtschaft der DR noch die ihr unterstellte Versuchs- und Entwicklungsstelle der Maschinenwirtschaft in Halle hatten an einem Pflichtenheft mitgewirkt. Sie konnten erst nach Erprobung der Baumuster auf Veränderungen hinwirken, welche die Lokomotiven den deutschen Bedingungen anpassten.

Trotz verschiedener Missstände, die auch zum Spitznamen „Taigatrommel" für die V 200 führten, gelang gerade durch diese Baureihe im Güterzugdienst ab 1967 der Durchbruch bei der Traktionsumstellung und erst recht mit der Baureihe 132 im Reisezugdienst seit 1973. Die Reihe 132 war auch die erste, die die Reisezugwagen elektrisch heizen konnte, während V 100 und V 180 noch Dampfheizkessel mitführten.

Der nächste Import kam von 1977 an als Baureihe 119 aus Rumänien.

Die Lokomotive entsprach von der Grundkonzeption her einer Fortentwicklung der 118^{2-4}. Die DR benötigte 270 solcher Lokomotiven mit einer Leistung von über 2.000 PS und elektrischer Zugheizung, deren Achslast 16 Tonnen jedoch nicht übersteigen durfte. LEW Hennigsdorf, einzig verbliebener Lokhersteller in der DDR, war mit Exportaufträgen belegt, UdSSR-Betriebe lehnten es ab, Lokomotiven mit 16 Tonnen Achsfahrmasse zu liefern und sich der Konzeption der Baureihe 118 anzupassen. Nur die Lokomotivfabrik Bukarest blieb im sozialistischen Wirtschaftsraum übrig und war bereit, das Baukastenprinzip und die DDR-Motoren zu übernehmen. Ohne die Reichsbahn einzubeziehen, strich die Staatliche Plankommission der DDR die Zulieferung der DDR-Dieselmotoren. Deshalb setzte Bukarest MTU-Lizenzmotoren ein, so dass die Lokomotiven auf eine Motorleistung von 2.600 PS kamen und eigentlich als Baureihe 126 hätten eingereiht werden müssen. Statt vorgesehener 270 Stück wurden nur 200 Lokomotiven importiert.

Bis 1980 dominierte die Dieseltraktion bei der DR. Ihr Anteil an den Zugförderungsleistungen wuchs von 2,52 Prozent im Jahre 1965 auf 71,8 Prozent 1980, in jenem Jahr bedeutete der Verbrauch von 800.000 Tonnen Dieselkraftstoff bei der DR ein Viertel des gesamten Dieselverbrauchs der DDR! 1980 reduzierte aber die Sowjetunion ihre Erdöllieferungen. Deshalb mussten die DDR-Betriebe Benzin und Dieselkraftstoff sparen, und die Reichsbahn musste sich noch einmal für ihre Dampflokomotiven interessieren.

Doch die Freude, namentlich der Eisenbahnfreunde und -fotografen, währte nicht lange: der planmäßige Dampflokeinsatz auf Normalspur endete im September 1988 mit der Lokomotive 50 3662 vom Bahnbetriebswerk Halberstadt.

Die Ölverknappung und -verteuerung führte dazu, die Streckenelektrifizierung zu beleben. Von 1981/82 an wurden jährlich etwa 300 km Strecke überspannt, in den fünf Jahren zuvor waren es allenfalls 35 km pro Jahr gewesen. Der Fünfjahresplan für die Jahre 1986 bis 1990 sah einen Zuwachs des elektrischen DR-Netzes von 1.500 km vor. Kontinuierlich steigerte die DR die Jahresleistung, fast nur mit eigenen Kräften, und zwar 1983: 151 km, 1984: 253 km, 1985: 295 km, 1986: 298 km, 1987: 329 km. Zu Beginn des Jahres 1988 waren 2866 km (= 20,3 Prozent des Netzes) elektrifiziert. Mehr als 40 Prozent der Güter wurden zu die-

ser Zeit elektrisch gefördert.
Die Lücken zwischen den Fahrleitungen der DR und den Tschechoslowakischen Staatsbahnen (CSD) sowie den Polnischen Staatsbahnen (PKP) wurden am 6. Dezember 1986 bzw. am 28. Mai 1988 geschlossen, indem die CSD bis zur Grenze bei Schöna anschlossen und die PKP mit ihrer Fahrleitung den Bahnhof Oderbrücke erreichten. Allerdings werden die Fahrleitungsnetze der PKP und auf den nördlichen Strecken der CSD mit 3 kV Gleichspannung betrieben, das der DR mit 15 kV Wechselspannung. CSD und DR beschafften von Skoda in Plzen – technisch nicht die modernsten – Zweisystemlokomotiven, die bei der DR als Baureihe 230, bei den CSD als Reihe 372 bezeichnet wurden. Die erste Lokomotive traf am 25. Februar 1988 in Dresden ein.
Weil es an Co'Co'-Lokomotiven für den schweren Güterzugdienst mangelte, hatte die DR von 1974 bis 1984 insgesamt 233 Lokomotiven der Baureihe 250 in Dienst gestellt, die ersten Reichsbahn-Maschinen mit vollelektronischer Steuerung und großer Leistung und erstmals unter Mitwirkung von Industriedesignern entworfen.
Mit gleichen oder ähnlichen Baugruppen begann 1981 in Hennigsdorf die Erprobung einer vierachsigen Schnellzuglokomotive für 140 km/h Höchstgeschwindigkeit, die in auffallendem Anstrich als Schnellzuglok 212 001 geliefert worden war. Da nirgendwo bei der DR 140 oder gar 160 km/h gefahren werden durften, entschied die DR, lediglich die 120 km/h-Variante dieser Lokomotive anzuschaffen. Die 212 001 wurde Mitte 1983 im Raw Dessau zerlegt, nach Änderung ihrer Getriebe stand sie als 243 001 auf den Gleisen. Die Baureihe 243 wurde eine sehr erfolgreiche Lokomotive.
Infolge des Verkehrsrückgangs bei der Reichsbahn seit 1990

wurden Lokomotiven frei, und die DR vermietete 243 (bzw. 143, wie sie jetzt bezeichnet werden) zur Schweizer Südostbahn und zur Deutschen Bundesbahn, wo sie nach anfänglicher Skepsis – vor allem in den Leitungsetagen – bald als zuverlässige Loks geschätzt waren.
1980 sah man den Prototyp eines in Hennigsdorf gebauten Zuges für die Berliner S-Bahn auf der Leipziger Messe ausgestellt. Als Baureihe 270 wurde er von 1989 an in einer großen Serie ausgeliefert.
In der 70er Jahren begann der Einbau leistungsstärkerer Motoren in die dieselhydraulischen Lokomotiven – heute würde man von „Remotorisierung" sprechen. So wurden aus den Lokomotiven der Baureihe 110 solche der Baureihe 112, wenn sie im Raw Stendal einen leistungsstärkeren 883-kW-Motor erhalten hatten. Die 112 in Doppeltraktion konnte sogar die Baureihe 132 ersetzen. Mehrere 110 erhielten einen Motor von 1.100 kW (1.500 PS) Leistung und wurden damit zur Baureihe 114. Andere wieder wurden für den meterspurigen Betrieb der Harzbahn angepasst und als Baureihe 199 bezeichnet. Bei der ursprünglichen Baureihe 118.0 sowie 118.2-4 wurde die Leistung ebenfalls durch Umbau gesteigert, dementsprechend kamen die Lokomotiven in die Reihen 118.5 bzw. 118.6-8.
Um den Qualitätsmängeln – insbesondere bei den Lizenzmotoren – der Lokomotivbaureihe 119 abzuhelfen (Anfang 1990 waren z.B. 112 von 200 Lokomotiven schadhaft!), setzten drei Umbauprogramme ein, bei denen die Lokomotiven von 1982 an Dieselmotoren und Strömungsgetriebe aus DDR-Produktion erhielten.
1991 hatte die Mehrheit der Diesellokomotiven die ihr zugedachte Nutzungsdauer überschritten. Unabhängig vom Elektrifizierungsfortschritt musste wegen der Überalterung der Dieselfahrzeuge, und weil es in den Leistungsparametern doch Lücken gab, an die kommenden Jahrzehnte gedacht werden. Bis zur Fusion der Deutschen Bahnen am 1. Januar 1994 wurden aus 45 Diesellokomotiven der Baureihe 106 solche der Baureihe 104, die einen schwächeren, aber wirtschaftlicheren Motor erhielten. Der Neubau einer schweren Rangierlokomotive (als Baureihe 109 geplant) wurde entbehrlich, indem die DR rund 60 Lokomotiven der Baureihen 201 und 293 zur Baureihe 298 umbaute.
Weitere Veränderungen erfuhr auch die Baureihe 119. Zwanzig Lokomotiven, von der 119 100 an aufwärts, die sich noch im Ursprungszustand befanden, wurden von Krupp in Essen umgebaut und fortan als Baureihe 229 bezeichnet. Mit 1.310 kW Traktionsleistung sowie der auf 140 km/h heraufgesetzten Höchstgeschwindigkeit boten sie Voraussetzungen zur Traktion von InterRegios und InterCitys.
Für die Baureihe 132 war von der DR ohnehin die Generalreparatur vorgesehen, um sie über das Jahr 2000 hinaus einsetzen zu können. Im Zusammenhang mit dem künftigen Fahrzeugprogramm überlegten die deutschen Bahnen, welche Kosten bei Investitionen für Neubaulokomotiven und welche bei einem Modernisierungsprogramm entstehen. Vor allem, um die Instandhaltungskosten zu senken, schrieben die Bahnen die Remotorisierung aus. Mit der russischen Motorenfabrik Kolomna, Krupp und der amerikanischen Firma Caterpillar gingen 1993 drei Wettbewerber ins Rennen, die leistungsfähigere Motoren in die Baureihe 232 einbauen wollten. Nach der Erprobung von jeweils zwei Baumustern konnte keiner der Motoren vollständig überzeugen, weshalb die Remotorisierung der 132 – nunmehr als 232 bezeichnet – in der Folgezeit auf wenige Exemplare beschränkt blieb. Unabhängig davon erhielt bereits 1991/92 eine Anzahl von 132ern das ihr ursprünglich zugedachte Übersetzungsverhältnis und durfte als Baureihe 234 nun bis zu 140 km/h fahren.
Die jüngste und letzte Lokomotivbeschaffung der DR war die aus der Reihe 243 abgeleitete Baureihe 212.
1990 bestellte die DR 39 Stück, die Lieferung wurde mit einer verbesserten Version – als 112.1 bezeichnet – ab Dezember 1992 fortgesetzt. Das war die erste gemeinsame Lokomotivbeschaffung der beiden Bahnverwaltungen! Vorausgegangen war u.a. der Einsatz von Lokomotiven der Reihe 112.0 vor IC- und IR-Zügen zwischen Hannover und Oldenburg bzw. Bremerhaven, wo sie ihre Betriebstauglichkeit für Geschwindigkeiten bis zu 160 km/h bewiesen. Seit dem Fahrplanwechsel im Mai 1992 fuhren diese Lokomotiven auch auf Reichsbahnstrecken, nämlich zwischen Berlin und Dresden sowie zwischen Berlin und Schwerin (Meckl), planmäßig mit 160 km/h.

H 45 024

Missglückter Start

Umbau 1951

Die unmittelbare Nachkriegszeit war bei der Reichsbahn vom allgemeinen Mangel geprägt. Besonders drückend war das Fehlen geeigneter Lokomotivkohle. Steinkohle aus Westdeutschland oder Polen war für die DR kaum zu haben. Deshalb suchten ihre Ingenieure nach Ideen für einen wirtschaftlichen Lokomotivbetrieb auf Braunkohlenbasis.

Hans Wendler stand an der Spitze einer Gruppe von Technikern, die erfolgreich die Kohlenstaubfeuerung weiterentwickelte. Im Zusammenhang damit standen auch Versuche mit dem Zwangsumlaufkessel der Bauart La Mont. Der war wesentlich unkomplizierter herzustellen als ein Kessel Stephensonscher Bauart, leichter an den vorhandenen Bauraum anzupassen und mit Kohlenstaubfeuerung zu betreiben. Dem Antrag des Konstruktionsbüros der „Vereinigung Volkseigener Betriebe Lokomotiv- und Waggonbau" (LOWA) auf Entwicklung einer Lok mit Zwangsumlaufkessel wurde 1950 stattgegeben. Auf Basis der 45 024 entstand in Zusammenarbeit zwischen dem LOWA-Konstruktionsbüro, dem EKM Dampfkesselbau Meerane und dem VEB Lokomotivbau „Karl Marx" Babelsberg in relativ kurzer Zeit die nunmehr als H 45 024 bezeichnete Lokomotive, die 1951 auf der Leipziger Messe ausgestellt wurde und dort durch ihre Architektur und ihren kaffeebraunen Anstrich erhebliches Aufsehen erregte.

Der Lokomotivkessel war als U-förmige Wanne ausgebildet. Statt einer Feuerbüchse besaß er einen Brennraum mit den Rohrbündeln des Verdampfers, an die Stelle des Langkessels waren die Rohrbündel von Überhitzer und Speisewasservorwärmer getreten. Für den Wasserumlauf sorgten Umwälzpumpen. Das im Verdampfer erzeugte Wasser-Dampf-Gemisch wurde im Ausdampfbehälter getrennt. Das Wasser kam zurück in den Kreislauf, der Dampf strömte durch den Überhitzer und den Regler zur Hochdruck-Maschine. Das im Prinzip unveränderte Triebwerk war in ein Verbundtriebwerk umgebaut worden, wobei der mittlere Zylinder mit 400 mm Durchmesser zum Hochdruck-Zylinder wurde. Der Abdampf der Niederdruck-Zylinder gelangte in den Kondensator des Tenders (die Maschine war mit einem vierachsigen Kondenstender gekuppelt, dessen Kohlekasten für einen Vorrat von rund 11,5 t Kohlenstaub umgebaut worden war), wurde dort niedergeschlagen und dem Speisewasserkreislauf wieder zugeführt.

Die theoretischen Leistungsdaten (Dampfleistung des Kessels 13,5 t/h, Zylinderleistung 2.131 kWi) waren vielversprechend, die ersten Fahrversuche 1953 jedoch nicht. Unzureichender Kondensatvorrat bei der ersten Fahrt und ausgeglühte Überhitzerrohre bei der zweiten Fahrt nach jeweils wenigen Kilometern zeigten eine unbefriedigend arbeitende Kondensationsanlage und mangelhafte Abstimmung der Heizflächenanteile. Zwar gab es Vorschläge zur Behebung der Mängel, doch sah die LOWA, die Eigentümerin der Maschine blieb, davon ab, das kostspielige Experiment fortzusetzen. 1960 ist die Lokomotive im Raw Meiningen zerlegt worden. Einige Teile fanden beim Bau der Schnellfahrlokomotive 18 201 Verwendung.

Bauart	1'E1'h3v
Treib- und Kuppelraddurchmesser	1.600 mm
Höchstgeschwindigkeit	100 km/h
Zylinderdurchmesser	1 x 400 mm / 2 x 520 mm
Kolbenhub	720 mm
Kesselüberdruck	42 bar
Länge über Puffer mit Tender 2'2'T10 Kon/Kst	27.350 mm
Wasservorrat	10 m3
Kohlenstaubvorrat	11,5 t
Dienstmasse (o. Tender)	127,0 t
Reibungsmasse	95,0 t
Indizierte Leistung (theoretisch)	2.131 kW

Baureihe 99^{77-79}

„Einheitslok“ für schmale Spur

99 771–994 (ab 1970: 99.177–179, ab 1992: 099.73–75) Baujahre 1952–1956

Die Neubaulok für 750 mm Spurweite war für den Einsatz auf dem sächsischen Schmalspurnetz vorgesehen. Für dieses Netz waren zwar in den Jahren 1928–1933 die leistungsstarken Einheitslokomotiven der BR 9973-76 beschafft worden, doch hatte der Bestand bei Kriegsende durch Reparationsabgaben erhebliche Einbußen erlitten. Der Neubau von leistungsfähigen Lokomotiven, die die Lücken im Betriebspark schließen und in ihren Parametern dem gestiegenen Verkehrsaufkommen Rechnung tragen konnten, war nicht mehr zu umgehen. Wegen der hohen Dringlichkeit wurde der Bau der 750-mm-Schmalspurlok vorgezogen; sie wurde mithin zur ersten Neubaulok der DR.

Als Vorbild für die Konstruktion diente die Einheitslok der BR 9973-76. Das betraf nicht nur die Leistungsdaten, sondern ebenso die Hauptabmessungen und die architektonische Durchbildung. Unterschiede zur Einheitslok lagen im Wesentlichen darin, dass für die Neukonstruktion die Fertigungstechniken der Nachkriegszeit berücksichtigt wurden und in den Entwurf einige neue Erkenntnisse des Lokomotivbaus einflossen.

Statt des Barrenrahmens wurden für die Neubauloks geschweißte Blechrahmen vorgesehen; die Achslagerführungen sollten mit dem Rahmen verschweißt werden. Die Führung der Maschine durch vorderes und hinteres Bisselgestell wurde unverändert übernommen. Die Lok erhielt einen

geschweißten Kessel in Anlehnung an den der Einheitslokomotive. Der Neubaukessel wurde jedoch nicht mittels Oberflächenvorwärmer und Kolbenspeisepumpe gespeist, sondern durch zwei Dampfstrahlpumpen. Gegenüber der Einheitslok bekam die Neubaulok einen größeren Rost, der für die Verfeuerung von Braunkohlenbriketts ausgelegt war. Der neue, geschweißte Aschkasten erhielt seitlich über die Rahmenwangen hinausreichende Behälterteile und auf jeder Seite zwei Luftklappen. Alle Hilfseinrichtungen waren analog der Einheitslok ausgeführt. Die Bremsausrüstung der Neubaulok bestand aus einer saugluftgesteuerten Hardy-Bremse mit Zusatzbremse Bauart Knorr.

Der VEB LKM Babelsberg lieferte an die DR von 1952 bis 1957 insgesamt 24 Loks, die die Baureihenbezeichnung 9977-79 erhielten. Die Neubauloks waren erhaltungstechnisch außergewöhnlich aufwändig, das Leistungsprogramm erfüllten sie jedoch ohne Anstände.

Erst 1991/92 fertigte das Raw Meiningen schließlich 14 neue Blechrahmen und 14 neue Kessel. Mit diesen Hauptbaugruppen hat man 99 771, 772, 773, 775, 777, 778, 779, 782, 785, 787, 788, 789, 793 und 794 de facto neu aufgebaut

Spurweite	750 mm
Bauart	1'E1'h2t
Treib- und Kuppelraddurchmesser	800 mm
Höchstgeschwindigkeit	30 km/h
Zylinderdurchmesser	450 mm
Kolbenhub	400 mm
Kesselüberdruck	14 bar
Länge über Kupplung	10.000 mm
Wasservorrat	5,8 m3
Kohlenvorrat	3,6 t
Dienstmasse (bei 2/3/ Vorräten)	51,9 t
Reibungsmasse	42,8 t
Indizierte Leistung	368 kWi

07 1001, 08 1001, 79 001

Der „Dampflokzirkus"

Umbauten 1952

Max Baumberg (1906–1978) war nicht nur ein hervorragender Ingenieur, sondern auch ein leidenschaftlicher Sammler: In der von ihm geleiteten Fahrzeug-Versuchsanstalt, der späteren Versuchs- und Entwicklungsstelle der Maschinenwirtschaft (VES-M) in Halle (Saale), setzte er vorzugsweise Dampflok-Exoten für den Erprobungsdienst ein. Unter ihnen waren auch drei Maschinen ausländischen Ursprungs, die nach dem Krieg auf dem Netz der DR vorgefunden wurden und auch verblieben.

Die spätere 07 1001 ist ursprünglich von der Paris-Orléans-Bahn (PO) beschafft worden. Sie war 1912 von Cail mit der Fabriknummer 3608 und der Bahnnummer 3580 an die PO geliefert worden.

Ihre lange schmale Feuerbüchse und das gut ausgeglichene Vierzylinder-Verbund-Heißdampftriebwerk ließen die Maschine geeignet erscheinen, sie in die Versuche mit Kohlenstaubfeuerung einzubeziehen. Das Raw Stendal baute die Lokomotive auf Kohlenstaubfeuerung System Wendler um; die Abnahme fand am 6. Juli 1952 statt. Neben den Veränderungen, die durch die Kohlenstaubfeuerung bedingt waren (Entfernung des Aschkastens, zweite Luftpumpe und Hauptluftbehälter zur pneumatischen Staubaustragung), erfolgte eine Anpassung an die Betriebsbedingungen der DR.

	07 1001	08 1001	79 001
Bauart	2'C1'h4v	2'D1'h4v	2'D2'h4vt
Treib- und Kuppelraddurchmesser	1.950 mm	1.950 mm	1.660 mm
Höchstgeschwindigkeit	140 km/h	110 km/h	110 km/h
Zylinderdurchmesser	2 x 420 mm/640 mm	2 x 450 mm/660 mm	2 x 420/630 mm
Kolbenhub	650 mm	720 mm	650 mm
Kesselüberdruck	16 bar	16 bar	15 bar
Länge über Puffer (07 und 08 mit Tender)	23.455 mm	24.800 mm	17.745 mm
Wasservorrat	28,5 m3	28,5 m3	14,4 m3
Kohlen(staub)vorrat	10 t	10 t	8 t
Dienstmasse (07 und 08 ohne Tender)	101,8 t	122,5 t	121,8 t
Reibungsmasse	57,3 t	84,2 t	68,1 t
Indizierte Leistung	k.A.	k.A.	k.A.

Für die Versuchsfahrten war die Lok mit einem Kohlenstaubtender 2'2'T 26 Kst gekuppelt, später erhielt sie den Kohlenstaubtender 2'2'T 28,5 Kst der rekonstruierten 03 1087. Unter der Betriebsnummer 07 1001 wurde die Maschine erst dem Bw Berlin Ostbahnhof, dann dem Bw Dresden-Altstadt zugewiesen (1954) und kam zusammen mit der 08 1001 in den Schnellzugdienst auf der Strecke Dresden – Berlin. Als Einzelgänger mit einem komplizierten Innentriebwerk und vielen, von den deutschen Normen abweichenden Bauteilen war ihre Existenz jedoch begrenzt. Die Lokomotive wurde wie die 08 1001 im Jahre 1958 ausgemustert.

Die von der DR als 08 1001 eingenummerte Maschine ist eine Entwicklung der Französischen Ostbahn. Sie stammte aus einer 1931/32 gebauten Serie von 40 Maschinen und hatte die Betriebsnummer 241 A 21 getragen. Für den Umbau auf Kohlenstaubfeuerung war die Lokomotive insofern interessant, weil sie mit 12,25 m³ einen großen Verbrennungsraum und eine 2.248 mm lange Verbrennungskammer hatte, somit also den für die Kohlenstaubfeuerung erwünschten langen Ausbrennweg für die Staubpartikel besaß. Die Lokomotive wurde im Raw „7. Oktober" Zwickau 1952 betriebsfähig hergerichtet und dabei auf Kohlenstaubfeuerung nach dem System Wendler umgebaut.

Die 79 001 entstammte dem elsässischen Typ T 20 AL und hatte bei der Französischen Staatsbahn SNCF die Betriebsnummer 242 TA 602 getragen. Wegen ihres Mehrzylindertriebwerks fand sie das Interesse der Fahrzeugversuchsanstalt (FVA) Halle, die sie als Bremslokomotive einsetzen wollte. Die Fahrzeugversuchsanstalt ließ die Lok im Jahre 1951 dem Raw Zwickau zur Aufarbeitung, Angleichung an deutsche Normen und zur Herrichtung als Bremslok zuführen. Man hatte an der Lok nur relativ geringfügige Änderungen im Zuge einer Generalreparatur durchführen müssen. Die umgebaute Maschine befriedigte jedoch in keiner Weise. Weder taugte sie als Bremslok, noch war sie im Zugdienst auf Dauer zu gebrauchen. Die zulässige Höchstgeschwindigkeit konnte niemals ausgefahren werden, weil über 80 km/h eine dauernde Entgleisungsgefahr drohte. Im Jahre 1963 wurde der Einzelgänger abgestellt; der Ausmusterungsbescheid kam 1966.

Baureihe 99^{23-24}

Bewährtes auf Meterspur

99 231-247 , (ab 1970: 99.723-724)

Baujahre 1954–1956

Nach Ende des Zweiten Weltkrieges bestand bei der DR dringender Bedarf an leistungsfähigen Schmalspurlokomotiven. Von den meterspurigen Bahnen war es insbesondere die für den Personen- und Güterverkehr im Harz bedeutsame Harzquer- und Brockenbahn, die von der DR 1949 übernommen worden war und deren Lokomotivpark der Aufstockung und Modernisierung bedurfte.

Die DR erteilte daher bereits im Jahre 1950 dem VEB Lokomotivbau Babelsberg den Auftrag zur Konstruktion einer schweren Schmalspurlokomotive, die vordringlich die veralteten Loks der Harzquerbahn ersetzen, gleichwohl aber auch auf anderen Meterspur-Strecken einsetzbar sein sollte. Als Vorbild für die Neukonstruktion sollte die Einheitslok der BR 9922 dienen, die 1931 von der DRG in drei Exemplaren beschafft worden war. Die von Schwartzkopff konstruierten und gebauten Maschinen hatten sich hervorragend

bewährt. Eine Lokomotive gleicher Konzeption, wenn auch nach modernen Grundsätzen gefertigt, versprach von vornherein Erfolg. Die an der ursprünglichen Konstruktion für die Neubaulok vorgenommenen Änderungen waren denn auch kaum prinzipieller, sondern vielmehr technologischer Natur und berücksichtigten neben den Fertigungsverfahren der Nachkriegszeit auch die neuen Einsatzbedingungen der Lokomotiven.

Wenn die Konstruktion der Neubaulok 1951/52 für ein ganzes Jahr unterbrochen wurde, so lag das weniger an auftretenden Schwierigkeiten, als vielmehr daran, dass die DR zwischenzeitlich wichtige konstruktive Vorarbeiten für ihre Normalspur-Neubauloks als vorrangig betrachtete.

Die endgültige Ausführung der Neubaulok unterschied sich nur geringfügig von dem ersten, 1951 im Lokausschuss der DR diskutierten Projekt. Desgleichen waren auch die Unterschiede zur Einheitslok der Baureihe 9922 nicht erheblich. Gleich jener besaß die Neubaulok fünf gekuppelte Radsätze. Statt des vorderen und hinteren Bisselgestells hatte man je ein Krauss-Helmholtz-Gestell vorgesehen. Der Rahmen der Neubaulok war als geschweißter Blechrahmen ausgebildet, ebenso waren Kessel, Führerhaus und Vorratsbehälter vollständig geschweißt. An die Stelle des Oberflächenvorwärmers der BR 9922 trat bei der Neubaulok ein Mischvorwärmer mit Kolbenverbund-Mischpumpe. Alle anderen Abweichungen betrafen Details. Die ersten Lokomotiven der BR 9923 wurden 1954 gebaut; die Fertigung wurde bis Ende 1956 fortgesetzt.

Von den durch LKM gefertigten 21 Maschinen erhielt die DR 17, vier Loks des Baujahres 1956 wurden in die UdSSR geliefert. Das zweite Baulos erhielt statt der Krauss-Helmholtz-Lenkgestelle ab Werk Eckhardt-II-Lenkgestelle.

Seit Februar 1993 befinden sich die Lokomotiven im Eigentum der Harzer Schmalspurbahnen GmbH.

Spurweite	1.000 mm
Bauart	1'E1'h2t
Treib- und Kuppelraddurchmesser	1.000 mm
Höchstgeschwindigkeit	40 km/h
Zylinderdurchmesser	500 mm
Kolbenhub	500 mm
Kesselüberdruck	14 bar
Länge über Puffer	11.730 mm
Wasservorrat	8 m³
Kohlenvorrat	4,0 t
Dienstmasse (bei 2/3/ Vorräten)	64,5 t
Reibungsmasse	47,5 t
Indizierte Leistung	515 kW

Baureihe VT 12.14

Import aus Ungarn

VT 12.14.01-03 (ab 1970: 181.0)
Baujahr 1954

Mit wieder aufgebauten Schnelltriebwagen verschiedener Vorkriegsbauarten nahm die DR 1949 den planmäßigen Verkehr Berlin – Hamburg und ein Jahr darauf auf der Linie Berlin – Prag auf. Für weitere internationale Verbindungen war neben der Aufarbeitung weiterer Vorkriegs-SVT eine Neubeschaffung unumgänglich. Weil die DDR-Schienenfahrzeugindustrie dazu, zumindest kurzfristig, nicht in der Lage war, wurde ein Lieferant im sozialistischen Ausland gesucht. Der ungarische Hersteller Ganz hatte zu dieser Zeit ein den Vorstellungen der DR entsprechendes Fahrzeug im Programm. Unter Berücksichtigung der bei den Tschechischen Staatsbahnen mit Fahrzeugen nahezu gleicher Bauart gemachten Betriebserfahrungen bestellte die DR im März 1953 drei Triebzüge. Auf der Leipziger Herbstmesse 1954 konnte der erste besichtigt werden. Die Ablieferung der beiden anderen Triebzüge folgte ebenfalls noch im Jahre 1954.

Der vierteilige Triebzug bestand aus zwei Motorwagen mit je einem Führerstand und aus zwei Mittelwagen. Beide Motorwagen verfügten über die gleiche Maschinenanlage. Der Motor befand sich im jeweils in Fahrtrichtung führenden dreiachsigen Triebdrehgestell und ragte in den Führer- und Maschinenraum hinein. Das Triebgestell wurde nur zur Einhaltung der geforderten Radsatzlast dreiachsig ausgeführt, wobei der vordere Radsatz nicht angetrieben wurde. Die Spurkränze des mittleren Radsatzes im Triebgestell waren geschwächt. Die Kraftübertragung erfolgte mechanisch über eine elektropneumatisch geschaltete Trockenlamellenkupplung und über ein ebenso geschaltetes fünfgängiges mechanisches Zahnradgetriebe mit Richtungswechsel sowie über Kegelräder auf die Treibachsen. Kardanwellen verbanden die einzelnen Kraftübertragungsteile. Am Untergestell der Motorwagen wurde ein Rahmen zur Aufnahme der Hilfsmaschinen angebracht. Darin befanden sich der Luftverdichter, der Gleichstromgenerator für

110 Volt für die Bordbeleuchtung und der Wasserkühler mit den zugehörigen Ventilatoren.

Der Triebzug verfügte über eine mehrlösige Hildebrand-Knorr-Bremse und eine Spindelhandbremse.

Die Aufbauten der untereinander mit Zug- und Stoßeinrichtungen der Regelbauart verbundenen Fahrzeuge waren jeweils als komplette Stahlschweißkonstruktion aus Profilstählen ausgeführt. Am abgeschrägten Frontteil und zwischen den Drehgestellen aller Wagen wurden zur Verringerung des Luftwiderstandes Schürzen angebracht. Der a-Wagen unterteilte sich in Führerstand und Maschinenraum, Gepäckabteil, Funkraum, zwei Einstiegsräume und fünf Abteile 3. Klasse. Im b-Wagen waren neben identischem Führer- und Maschinenraum und Gepäckabteil zwischen den beiden Einstiegsräumen Speiseraum, Küche und ein Kiosk untergebracht. Der c-Wagen enthielt drei gleich große Großraumabteile 3. Klasse und zwei Einstiegsräume, der d-Wagen neben zwei Einstiegsräumen neun Einzelabteile 2. Klasse mit Seitengang.

Bis zum Beginn des Sommerfahrplans 1955 befuhren die Triebzüge von Berlin aus die Strecken nach Erfurt, Halle und Leipzig. Dann wurden sie vorrangig im Interzonenverkehr zwischen Berlin und Hamburg eingesetzt. Daneben standen auch Frankfurt (Oder), Rostock und Dresden auf dem Fahrplan, bald auch die Züge Ext 21/22 bzw. später Ext 125/126 „Berolina" von Berlin nach Brest und ab 1960 Ext 154/155 „Hungaria" nach Budapest.

Nachdem einer der baugleichen tschechoslowakischen Triebzüge M 495 Anfang der sechziger Jahre bei einem Unfall in Doberlug-Kirchhain Totalschaden erlitt, übergab die DR die beiden Maschinenwagen des VT 12.14.02 und dessen Mittelwagen c als Entschädigung an die CSD. Die VT 12.14, deren Leistung und Laufgüte nie ganz befriedigten, wurden bald von den moderneren VT 18.16 aus den internationalen Einsätzen verdrängt. Ein Triebzug wurde im November 1969 abgestellt, der andere im Januar 1972.

Bauart	(1B)2' + 2'2' + 2'2' 2'(B1) dm
Motoren	2 x Ganz-Jendrassik XII Jv 170/240
Zahl der Zylinder pro Motor	12
Höchstgeschwindigkeit	125 km/h
Heizung	Koks/Warmwasser
Länge über Puffer	96.030 mm
Dienstmasse	194,5 t
größte Achsfahrmasse	18,0 t
Sitzplätze 1. Kl.	54
Sitzplätze 2. Kl.	112
Sitzplätze Speiseraum	32
Leistung	2 x 331 kW

25.001

Der Traum von der Universallok

Baujahr 1954

Die begrenzte Lokomotivbaukapazität in der DDR, die überdies von der sowjetischen Besatzungsmacht für Reparationsleistungen genutzt wurde, hatte bei der DR den Wunsch nach einer möglichst universell einsetzbaren Baureihe zur Folge. Der Auftrag zur Erarbeitung entsprechender Projekte ging im Mai 1950 an den VEB Lokomotivbau Elektrotechnische Werke Hennigsdorf mit folgenden Forderungen:

1. Einsatz im Reisezugdienst des Berg- und Flachlandes und im mittelschweren Güterzugdienst,
2. Beförderung eines Zuges von 1.000 t Masse in der Ebene mit 80 km/h,
3. Begrenzung der Kuppelradsatzfahrmasse auf 17,8 t,
4. Kuppelraddurchmesser 1.600 mm (Mittelgebirgslok) und 1.750 mm (Flachlandmaschine),
5. Berücksichtigung der neuesten Erkenntnisse im Lokomotivbau.

Die Deutsche Reichsbahn entschied sich nach Prüfung vorliegender Projekte für die Achsfolge 1'D und erteilte im Mai 1951 dem Zentralen Konstruktionsbüro Wildau des VEB Lokomotivbau „Karl Marx" Babelsberg den Konstruktionsauftrag. Zu diesem Zeitpunkt begannen sich die Verantwortlichen angesichts der industriellen Aufwärtsentwicklung indes von der Idee einer Universallok bereits wieder zu lösen. Wohl auch deshalb wurden nur zwei Versuchsmaschinen in Auftrag gegeben, eine rostgefeuert (Baureihe 25) und eine als Kohlenstaublokomotive (Baureihe 25^{10}). LKM Babelsberg stellte bis Mitte 1954 die 25 001 fertig, die nach Absolvierung einiger Probefahrten auf der Leipziger Herbstmesse 1954 der Öffentlichkeit vorgestellt wurde. Die 25 001 und die 25 1001 hatten baugleiche geschweißte Blechrahmen mit nur 25 mm Wangendicke, aber 10 mm starken Obergurten. Der Kessel der 25 001 erhielt zur Erzielung der höheren spezifischen Heizflächen-

belastung eine Verbrennungskammer. Mit 35 Rauchrohren und 132 Heizrohren sowie den 17,5 m² Feuerbüchsheizfläche wurde eine Gesamtheizfläche von 171,8 m² erzielt. Der Schmidt-Überhitzer mit 61,0 m² sollte eine Heißdampftemperatur von 400° C garantieren. Die Lokomotive war mit dem Tender 2'2'T 30 (12 t Kohle) gekuppelt und mit Stoker für die mechanische Rostbeschickung ausgerüstet. Beide Lokomotiven hatten Mischvorwärmeranlagen Bauart IfS/DR in der ersten Ausführung mit dem kantigen Mischkasten im Rauchkamerscheitel vor dem Schornstein, wie er dann auch bei der Neubaulok BR 83^{10} zu finden war. Zusätzlich zum mit Seitenzug betätigten Heißdampfregler war noch ein Nassdampfregler Bauart Schmidt & Wagner vorhanden, um bei Betriebsstörungen am Heißdampfregler weiterfahren zu können. Die Lok besaß also eine Reihe von Einrichtungen, für die wohl bei anderen Bahnen, nicht aber bei der Deutschen Reichsbahn Betriebserfahrungen vorlagen. Entsprechend hoch war die Störquote. Das geringe Interesse der DR, deren Lokausschuss bereits im Mai 1953 das Typenprogramm der Neubaulokomotiven beschlossen hatte, an beiden Lokomotiven kam auch im Verzicht auf eine messtechnische Untersuchung zum Ausdruck. Der bessere Wurf war fraglos mit der Kohlenstaublokomotive 25 1001 geglückt, so dass man sich entschloss, auf weitere Experimente mit dem Stoker zu verzichten und die Lokomotive 1958 auf Kohlenstaubfeuerung umzubauen. Sie erhielt die neue Nummer 25 1002.

Bauart	1'D h2
Treib- und Kuppelraddurchmesser	1.600 mm
Höchstgeschwindigkeit	100 km/h
Kesselüberdruck	16 bar
Länge über Puffer mit Tender 2'2'T30	23.300 mm
Wasservorrat	30 m³
Kohlenvorrat	10 t
Dienstmasse (o. Tender)	86,1 t
Reibungsmasse	70,4 t

Baureihe 65^{10}

Endlich eine Neubau-Serie!

65.1001 – 65.1088 (ab 1970: 65.10)

Baujahre 1954–1957

Die Personenzug-Tenderlokomotive der BR 65^{10} war die erste normalspurige Neubaulok-Baureihe des von der DR initiierten Typenprogramms, die in größerer Stückzahl gefertigt wurde. Sie war für den Einsatz auf Hauptbahnen gedacht und sollte dort vor allem die schweren Personenzüge des Berufsverkehrs befördern. Als Mehrzweck-Tenderlokomotive sollte sie außerdem in der Lage sein, mittelschwere Güterzüge über größere Entfernungen sowohl im Flachland als auch im Mittelgebirge zu befördern. Der Prototyp, die 65 1001, wurde auf der Leipziger Herbstmesse 1954 gezeigt. Hersteller war, wie auch bei der 65 1002, der VEB LEW Hennigsdorf. Beide 65er sind noch unter Borsig-Fabriknummern ausgeliefert worden. Die Serienfertigung erfolgte bei LKM Babelsberg. Die Vorauslok wurde 1955 bei der Fahrzeugversuchsanstalt in Halle eingehend untersucht. Sie bestach durch ihr vorzügliches Beschleunigungsvermögen, wies aber eine Reihe von Mängeln auf. Der Kessel war zu eng und ließ infolge hoher Strömungswiderstände keine gute Dampfentwicklung zu; die Mischvorwärmeranlage war nicht betriebstauglich, der neu entwickelte Heißdampfregler versagte seinen Dienst. Dampf- und Kohlenverbrauch lagen entschieden zu hoch. Für die Serienfertigung wurden daher Maßnahmen zur Beseitigung der konstruktiven Mängel getroffen. Die Serienlokomotiven erhielten Kessel mit etwas größerer Heizfläche; die Mischvorwärmeranlage wurde konstruktiv überarbeitet. Die Maschinen bekamen verbesserte Heißdampfregler. Statt der Regelsaugzuganlage baute man bei sämtlichen Loks Giesl-Flachejektoren ein und erzielte damit bedeutend günstigere Verbrauchswerte für Kohle und Dampf. Trotz aller Schwierigkeiten und trotz der umfangreichen Bauartänderungen waren die Loks der Baureihe 65^{10} für den Betriebsmaschinendienst gut brauchbar. Sie waren sowohl vor Personen- als auch vor Güterzügen eingesetzt und zeichneten sich durch hohes Beschleuni-

Bauart	1'D2'h2t
Treib- und Kuppelraddurchmesser	1.750 mm
Höchstgeschwindigkeit	90 km/h
Zylinderdurchmesser	600 mm
Kolbenhub	660 mm
Kesselüberdruck	16 bar
Länge über Puffer	17.500 mm
Wasservorrat	16 m^3
Kohlenvorrat	9 t
Dienstmasse	121,7 t
Reibungsmasse	71,0 t
Indizierte Leistung	1.340 PSi

gungsvermögen und akzeptable Höchstgeschwindigkeit und ihren relativ großen Aktionsradius aus. Keinen geringen Anteil an der für eine Tenderlok überdurchschnittlich großen Reichweite hatten die großzügig bemessenen Vorratsbehälter, die ursprünglich wegen der Braunkohlenfeuerung gewählt worden waren. Die Lokomotiven sind in einer Anzahl von 95 Exemplaren gebaut worden; jedoch gelangten nur 88 Maschinen zur Deutschen Reichsbahn. Weitere sieben Maschinen gingen an die Leuna-Werke als Werkloks.

Baureihe 83^{10}

Die Nebenbahn-Tenderlok

83.1001–1027 (ab 1970: 83.10)

Baujahre 1954–1955

Die zweite normalspurige Tenderlokomotive des Neubauprogramms war die BR 83^{10}. Im Gegensatz zur BR 65^{10} war sie für den Einsatz auf Nebenbahnen gedacht und sollte hier vor allem die Lokomotiven der ehemaligen Privatbahnen, die die DR im Jahre 1949 übernommen hatte, ablösen. Die neue Lokomotive war daher so auszulegen, dass 15 t Radsatzfahrmasse bei den gekuppelten Radsätzen nicht überschritten wurden. Ansonsten deckten sich die Prämissen für die Entwicklung weitgehend mit denen, die auch für die Hauptbahn-Tenderlok gesetzt worden waren: Der Kessel sollte modernen Baugrundsätzen entsprechen, die Maschine musste reichlich Vorräte mitführen können, um einen genügend großen Aktionsradius zu gewährleisten, und schließlich war auf die Verfeuerung von Braunkohle Rücksicht zu nehmen. 27 Lokomotiven wurden 1954/1955 vom LKM Babelsberg gefertigt. Im Gegensatz zu allen bisher üblichen Gepflogenheiten nahm man die Serienfertigung auf, ohne die Erprobung eines

Baumusters abzuwarten, und stellte alle Loks bis auf die 83 1002 binnen eines Jahres in Dienst. Das spricht für den dringenden Bedarf der DR. Die 83^{10} besaß viele Gemeinsamkeiten mit der 65^{10}. Diese bestanden nicht nur in der Verwendung eines geschweißten Kessels mit Mischvorwärmeranlage und eines Blechrahmens, sondern umfassten auch solche Baugruppen wie Heißdampfregler und dezentrale Sandkästen – Ursache dafür, dass man mit der BR 83^{10} die gleichen Anlaufschwierigkeiten hatte wie mit der 65^{10}. Wie nicht anders zu erwarten, stellten die Versuchsfahrten mit der 83 1001 die prinzipielle Brauchbarkeit der Konstruktion unter Beweis. Die Unzulänglichkeiten waren mit denjenigen identisch, die bereits bei den Versuchsfahrten mit der Lok 65 1001 aufgetreten waren. Außer diesen Mängeln wurden weitere registriert, die nur der BR 83^{10} anhafteten – eine zu kleine Feuertür, schlechte Zugänglichkeit des Aschkastens und ungunstig verlegte Rohrleitungen in der Rauchkammer. Da bei Beendigung der Versuchsfahrten mit 83 1001 das gesamte Baulos von 27 Maschinen bereits fertig gestellt war, konnten notwendige Bauartänderungen nur im Nachhinein erfolgen. Um die erheblichen Kosten für die Änderungen zu reduzieren, beschränkte man sie auf ein Minimum. Die Umlaufsandkästen wurden bei allen Maschinen durch einen geschweißten Zentralsandkasten ersetzt, den Heißdampfregler tauschte man gegen den bewährten Nassdampfregler der Bauart Schmidt & Wagner. Statt der Müller-Schieber wurden Trofimoff-Schieber eingebaut. Der zu schwache Blechrahmen wurde durch Einschweißen von Verstärkungen stabilisiert. Aber es wurden weder die Zylinder vergrößert noch baute man eine verbesserte Mischvorwärmeranlage ein. Die Maschinenwirtschaft beschränkte sich darauf, die alte Ausführung betriebstüchtig zu machen. Die Maschinen wurden nur zwei Reichsbahndirektionen zugeteilt – der Rbd Halle sowie der Rbd Magdeburg. Später erhielten auch die Rbd Dresden und die Rbd Erfurt die Nebenbahn-Tenderloks. Auslauf-Bw wurden Haldensleben und Saalfeld. 1973 gehörte keine dieser Maschinen mehr zum Betriebsbestand der DR.

Bauart	1'D2'h2t
Treib und Kuppelraddurchmesser	1 250 mm
Höchstgeschwindigkeit	60 km/h
Zylinderdurchmesser	500 mm
Kolbenhub	660 mm
Kesselüberdruck	16 bar
Länge über Puffer	15.000 mm
Wasservorrat	14 m^3
Kohlenvorrat	8 t
Dienstmasse	99,7 t
Reibungsmasse	59,9 t
Indizierte Leistung	794 kWi

25.1001 Wieder ein Versuch mit dem Staub

Baujahr 1955

Die 25 1001 mit Kohlenstaubfeuerung System Wendler ist im Juni 1955 der DR übergeben worden. Sie war mit dem Tender 2'2'T 27,5 mit 18,5 t fassenden Kohlenstaubbunkern gekuppelt. Die beiden Brenner waren von hinten in die Feuerbüchse eingeführt.

Die Kohlenstaublokomotive 25 1001 erhielt, um einen langen Ausbrennweg für den Staub zu erzielen, im Gegensatz zur Rostlokomotive 25 001 eine zwischen den Rahmenwangen eingezogene schmale Feuerbüchse Garbescher Bauart. Die Kohlenstaublokomotive hatte 4.350 mm Abstand zwischen den Rohrwänden, eine feuerberührte Verdampfungsheizfläche von 158,6 m^2 und 65 m^2 Überhitzerheizfläche.

1958 ist die 25 001 im Raw Meiningen ebenfalls auf Kohlenstaubfeuerung umgebaut worden. Sie erhielt die neue Nummer 25 1002.

Abgesehen von einem zweijährigen Gastspiel zwischen 1960 und 1962 beim Bw Senftenberg waren die Lokomotiven beim Bw Arnstadt beheimatet. Wenn sie einsatzfähig waren, erbrachten sie auf den Strecken des Thüringer Waldes zufriedenstellende Leistungen. Die verdampfungsfreudigen Kessel gehörten zu den gelungensten Teilen der Konstruktion, aber auch ihre Tauglichkeit ist durch mangelhafte Arbeit des Herstellers bei den Schweißnähten eingeschränkt worden. Risse im Stehkesselbereich bei Lokomotive 25 1001 führten im April des Jahres 1964 zur Abstellung. 1967 sind beide Lokomotiven ausgemustert und 1969 zerlegt worden. Etwa zwei Drittel der Zeit von der Abnahme bis zur Ausmusterung waren die beiden Lokomotiven abgestellt oder standen reparaturbedürftig im Ausbesserungswerk. Ihre Laufleistungen von 277.800 Kilometern (25 1001) und 248.029 Kilometern (25 001/25 1002) sind für eine zwölfjährige Dienstzeit mehr als bescheiden.

Bauart	1'D h2
Treib- und Kuppelraddurchmesser	1.600 mm
Höchstgeschwindigkeit	100 km/h
Zylinderdurchmesser	600 mm
Kolbenhub	660 mm
Kesselüberdruck	16 bar
Länge über Puffer mit Tender 2'2'T27,5 Kst	23.835 mm
Wasservorrat	27,5 m^3
Kohlenstaubvorrat	26 t
Dienstmasse (o. Tender)	89,0 t
Reibungsmasse	72,0 t
Indizierte Leistung	k.A.

ORT 135^7

Oberleitungs-Revisionstriebwagen

ORT 135.701-703, 705, 706 (ab 1970: 188.0, ab 1992: 708.0)

Baujahre 1956–1959

Als die DR 1955 den elektrischen Zugbetrieb im Raum Halle/Leipzig wieder aufnahm, brauchte sie Fahrzeuge zur Abnahme, Überwachung und Störungsbeseitigung an den Fahrleitungsanlagen. So entstanden im VEB Waggonbau Görlitz 1956 und 1958 insgesamt fünf Dieseltriebwagen für die Fahrleitungsinstandhaltung. Bahnamtlich wurden sie als Oberleitungs-Revisionstriebwagen (ORT) bezeichnet.

Geliefert wurden zwei Serien, einmal zwei und dann drei Fahrzeuge. Sie unterscheiden sich durch die Motortypen.

Die Bezeichnung wechselte im Laufe der Jahre. Zunächst war an den ORT der Name der Heimatdirektion und eine Fahrzeugnummer angeschrieben, z.B. „Halle 701427". Später wurde „ORT 135.70" üblich. Mit dem EDV-gerechten Nummernsystem ab 1. Juli 1970 erhielten die ORT die Bezeichnungen 188 001–003, 005 und 006.

Der Dieselmotor war am Untergestell elastisch aufgehängt. Die Kraftübertragung geschah mechanisch über eine Zweischeiben-Reibungskupplung, ein pneumatisch geschaltetes Vierganq-Zahnradwechselgetriebe, Gelenkwelle und ein ebenfalls pneumatisch geschaltetes Kegelrad-Wendegetriebe. Für die Arbeitsbeleuchtung waren ein Diesel-Generator-Aggregat (2 kW) und eine Batterie (300 Ah) vorhanden. Auf den Führerstand 1 folgte der Arbeitsraum mit Werkbank sowie Schränken für Werkzeug und Ersatzteile. Unter dem Aufgang zum Beobachtungsdom befanden sich der Maschinen- und der Generatorraum, die Kohlen- und Kraftstoffbehälter sowie die Toilette. An den Arbeitsraum schlossen sich der Aufenthaltsraum mit Tisch, Stühlen und Schränken sowie schließlich der Führerstand 2 an. Vom Dom hinter dem Führerstand 1 konnte der Lehrstromabnehmer beobachtet werden. Er wurde elektropneumatisch gehoben und abgesenkt. Die um 2 x 90° schwenkbare Arbeitsbühne konnte vom Dom aus betreten werden, nachdem der Stromabnehmer angelegt und die Fahrleitung geerdet worden war. Die klappbare Leiter ließ sich bis auf 9.000 mm über Schienenoberkante ausziehen. Die zweiachsigen ORT waren überwiegend im Raum Halle/Leipzig/Magdeburg im Einsatz und wurden Anfang der neunziger Jahre abgestellt.

Bauart	A1 dm
Motoren	1 x EM 6-20-7, später 6 KVD 14,5 SRW
Zahl der Zylinder pro Motor	6
Höchstgeschwindigkeit	80 km/h
Heizung	Warmwasser
Länge über Puffer	13.100 mm
Dienstmasse	26 t (ab ORT 135 703: 24,5 t)
Achsfahrmasse	13 t (ab ORT 135 703: 12,5 t)
Leistung	99 kW, später 110 kW

Baureihe 23^{10}

Ersatz für die P 8

23.1001-1113 (ab 1970: 35.10)

Baujahre 1956 – 1959

Für beide deutsche Bahnverwaltungen stand nach dem Krieg der Ersatz der weit verbreiteten preußischen P 8, einer Personenzuglok, auf der Tagesordnung. Deren Bestand war zwischen 20 und 40 Jahre alt, manche Lokomotiven hatten bereits zwei Weltkriege durchfahren. Der erste Entwurf für die neue Reichsbahn-Maschine entstand 1954 im Institut für Schienenfahrzeuge (IfS) in Berlin-Adlershof auf der Basis einer vom DR-Lokausschuss in Auftrag gegebenen Projektskizze. Daraufhin meldete die Reichsbahn Änderungswünsche an. So sollte die Leistung der neuen Lokomotive um 50 Prozent über der der P 8 liegen, die spezifische Heizflächenbelastung 75 kg/m²h und die Kuppelradsatzfahrmasse 18 t betragen. Der zweite Entwurf des IfS lag schon am 30. Juni 1954 vor. Er berücksichtigte die Ergebnisse vorangegangener Beratungen mit den Praktikern der DR und listete auch auf, welche Bauteile bereits für andere Neubaulokomotiven (25 und 65^{10}) durchkonstruiert waren und übernommen werden konnten.

Am 10. September 1955 erteilte die Hauptverwaltung der Maschinenwirtschaft (HvM) der LKM den Auftrag zur Herstellung von vier Baumusterlokomotiven, je zwei der Achsfolge 1'C1' (Reihe 23^{10}) und je zwei der Achsfolge 1'E (Reihe 50^{40}). Für den 16. Januar 1957 konnte LKM – nach erheblichen Verzögerungen – zur offiziellen Werksprobefahrt der ersten 23^{10} einladen. Während das Protokoll vermerkt, dass die Lok auch bei der höchsten ausgefahrenen Geschwindigkeit

(110 km/h) ruhig lief, spricht die Mängelliste von unruhigem Lauf bei hohen Geschwindigkeiten. Ehe die Fahrzeug-Versuchsanstalt Halle am 19. Februar 1957 die Vorerprobung mit dem Einfahren der Lokomotive vor planmäßigen Zügen begann, hatte die HvM beim Hersteller für die Serienlieferung den Nassdampfregler Bauart Schmidt & Wagner anstelle des Heißdampfreglers bestellt. Gegenüber den Baumusterlokomotiven 23 1001 und 1002 sollte die Serie Nassdampfregler mit Seitenzug und geschweißte Dampfsammelkästen erhalten. Der Speisedom sollte entfallen und die neue Mischvorwärmeranlage Bauart IfS/DR eingebaut werden. Im Weiteren waren eine Reihe fertigungstechnischer Mängel oder Unhandlichkeiten bei der Bedienung abzustellen. Nach Abschluss der Versuchsfahrten im August 1957 erteilte die HvM dem VEB Lokomotivbau „Karl Marx" Babelsberg den Auftrag zur Lieferung weiterer 111 Lokomotiven, die innerhalb von zwei Jahren gefertigt worden sind. Innerhalb der Serie gab es keine weiteren Bauartänderungen. Die ersten Loks der Serienlieferung gingen an die Direktionen Schwerin und Greifswald, wo die Maschinen wegen ihres guten Beschleunigungsvermögens und ihres verdampfungsfreudigen Kessels häufig im Schnellzugdienst eingesetzt worden sind. Weitere Lieferungen gingen an die Direktionen Halle und Cottbus. Dort lösten die Neubauloks die kohlenstaubgefeuerten Maschinen der Baureihe 17^{10-12} ab. Dann erhielten auch das Bw Gera und sächsische Bahnbetriebswerke Maschinen der BR 23^{10}. Auslauf-Bw wurde Nossen, das noch 1981 die letzte Maschine dieser Baureihe, die 23 1113, im Plandienst einsetzte.

Bauart	1'C1'h2
Treib- und Kuppelraddurchmesser	1.750 mm
Höchstgeschwindigkeit	110 km/h
Zylinderdurchmesser	550 mm
Kolbenhub	660 mm
Kesselüberdruck	16 bar
Länge über Puffer mit Tender 2'2'T28	22.660 mm
Wasservorrat	28 m^3
Kohlenvorrat	10 t
Dienstmasse (o. Tender)	87,2 t
Reibungsmasse	54,7 t
Indizierte Leistung	1.103 kWi

Baureihe 50^{40}

Die letzte Neubau-Dampflok

50.4001-4008 (ab 1970: 50.40)

Baujahre 1956–1960

Die neue Güterzuglok entstand auf den Reißbrettern des Instituts für Schienenfahrzeuge Berlin-Adlershof; gefertigt wurde sie vom VEB Lokomotivbau Babelsberg. Wie vorgesehen, handelte es sich dabei um eine Weiterentwicklung der Einheitslok BR 50. Lauf- und Triebwerk der Neubaulok entsprachen im Wesentlichen dem der BR 50, doch wurde statt des Barrenrahmens ein geschweißter Blechrahmen verwendet. Der Neubaukessel war ebenfalls vollständig geschweißt. Seine Strahlungsheizfläche war dank der Verbrennungskammer größer als die des Einheitskessels, die Rohrlänge zwischen den Rohrwänden geringer. Die Lok erhielt eine Mischvorwärmeranlage mit Kolbenverbund-Mischpumpe; als zweite Speiseeinrichtung diente die übliche Dampfstrahlpumpe. Charakteristische Konstruktionsmerkmale waren weiterhin der neue Steuerbock mit Instrumentenpult, die verbesserte Saugzuganlage mit gegenüber der Einheitslok engerem Blasrohr und Schornstein sowie die neu gestaltete Frontschürze mit fest eingebauten Signallaternen. Die Sandstreueinrichtung unterschied sich ebenfalls von der der alten BR 50 (Friedensaus-

führung). Als Tender wurde der geschweißte Neubautender 2'2' T 28 verwendet, wie ihn auch die BR 23^{10} erhielt. Die ersten beiden Maschinen der BR 50^{40} wurden im Jahre 1956 in Dienst gestellt. Insgesamt sind 88 Loks der Baureihe 50.40 gebaut worden. Mit der am 28. Dezember 1960 ausgelieferten 50 4088 wurde das Dampflok-Neubauprogramm der DR abgeschlossen. Die Loks kamen im Norden der DDR zum Einsatz. Sie waren vorwiegend vor Güterzügen anzutreffen, beförderten aber auch Personenzüge. Insgesamt haben sich die Maschinen recht gut bewährt; als einziger Schwachpunkt galt der Blechrahmen und die hohe Beanspruchung der Lokomotiven tat ein Übriges, dass sich Rahmenschäden häuften. Der Zustand der Rahmen war denn auch der Grund, dass sämtliche 50^{40} bis Anfang der 80er Jahre ausgemustert wurden – die Neubau-50er standen damit längst nicht so lange im Einsatz wie die rekonstruierten Einheits-50er.

Bauart	1'Eh2
Treib- und Kuppelraddurchmesser	1.400 mm
Höchstgeschwindigkeit	80 km/h
Zylinderdurchmesser	600 mm
Kolbenhub	660 mm
Kesselüberdruck	16 bar
Länge über Puffer mit Tender 2'2T28	22.600 mm
Wasservorrat	28 m³
Kohlenvorrat	10 t
Dienstmasse (o. Tender)	85,9 t
Reibungsmasse	73,4 t
Indizierte Leistung	1.294 kW

Baureihe 50^{35}

Die erste Rekolok • Umbau 1957–1962

50.3501-3708 (ab 1966: teilweise 50.50 [Ölhauptfeuerung]; ab 1970: 50.35-37 bzw. 50.00 [Ölhauptfeuerung] ab 1950)

Von den Einheitsloks der BR 50 blieben der Deutschen Reichsbahn nach dem Zweiten Weltkrieg lediglich 350 Maschinen. Diese waren zum großen Teil abgewirtschaftet. Schwierigkeiten bereiteten insbesondere die aus dem zwar hochfesten, aber nicht alterungsbeständigen Stahl St 47 K bestehenden Kessel, mit denen die Loks der „Friedensausführung" durchgängig ausgerüstet worden waren. Die 50er der Übergangs-Kriegslok-Ausführung besaßen zwar in der Mehrzahl Kessel aus St 34, doch waren deren Kesselbleche größtenteils von minderer Qualität. Zwar behalf sich die DR in einigen wenigen Fällen mit dem Umsetzen einwandfreier 52er-Kessel auf Fahrgestelle von Loks der BR 50, doch konnte diese Verfahrensweise keine grundlegende Lösung des Problems bringen, weil die Reichsbahn im Gegensatz zur Bundesbahn nicht auf die BR 52 verzichten konnte. Die Ersatzbeschaffung von Kesseln für die BR 50 im Rahmen der Lokgesundung war daher unumgänglich. Im Frühjahr 1957 stand die 50 380 zur Neubekesselung an. Da man keinen Nachbaukessel alter Konstruktion aus normalem Kesselbaustoff beschaffen konnte, wurde beschlossen, sie mit einem Kessel auszurüsten, dessen Hauptbaugruppen mit denjenigen des Neubaukessels für die BR 23^{10} und 50^{40} identisch waren. Der Langkessel erhielt allerdings eine um 500 mm größere Länge zwischen den Rohrwänden. Entsprechend den neuen Baugrundsätzen der DR war der 50er-Ersatzkessel völlig geschweißt; die Feuerbüchse erhielt eine Verbrennungskammer zur Vergrößerung der hochwertigen Strahlungsheizfläche. Der Aschkasten wurde nach Bauart Stühren mit seitlichen Luftklappen ausgeführt. Die Kesselspeisung erfolgte nunmehr durch einen Mischvorwärmer Bauart IfS/DR mit Kolbenverbundmischpumpe. Als zweite Speiseeinrichtung blieb die Dampfstrahlpumpe der Einheitsbauart erhalten. Der Steuerbock wurde am Rahmen angebracht. Der Ventilregler Bauart Schmidt & Wagner wurde beibehalten, jedoch auf Seitenzugbetätigung umgestellt. Nach der Neubekesselung erhielt die 50 380 statt der bisherigen Wagner-Windleitbleche solche der Bauart Witte. An Lauf- und Triebwerk wurden keine Veränderungen vorgenommen. Die neu bekesselte Lok wurde in 50 3501 umgenummert. Sie bewährte sich hervorragend. Der Ersatzkessel hatte eine wesentlich höhere Verdampfungsleistung als der Einheitskessel, und die Leistungsfähigkeit der Maschine war erheblich gestiegen. So fiel die Entscheidung, künftig alle zur Neubekesselung vorgesehenen 50er auf gleiche Weise umzurüsten. Bis 1962 wurden weitere 207 Maschinen mit Ersatzkesseln ausgerüstet und als 50 3502–50 3708 eingereiht. Die BR 50^{35} war die erste Rekolok-Baureihe der DR. Gegenüber den ersten Ausführungen der Rekokessel wiesen die später gebauten einige Änderungen auf. So ist beispielsweise der Stutzen auf dem Langkesselscheitel, der an die Stelle des Speisedoms getreten war und die beiden Kesselspeiseventile trug, durch zwei hochliegende Speiseventile mit getrennten Eingängen ersetzt worden. Ebenso ist der kleine Mischkasten des Vorwärmers, den die ersten Ersatzkessel noch besaßen, durch einen größeren ersetzt worden. Die Erstausfüh-

rungen der Rekokessel hat man später in ihrer Ausrüstung an die Serienbauart angeglichen. Über 60 Loks der BR 50^{35} erhielten Giesl-Flachejektoren, die das Aussehen der Maschinen zwar nicht verschönerten, aber sehr zweckmäßig waren; denn sie verbesserten erheblich den Wirkungsgrad der Saugzuganlage.

Auch nach der Rekonstruktion behielten die Maschinen ihre angestammten Einheitstender der Bauart 2'2' T 26. Anfang der 80er Jahre wurden jedoch viele Reko-50 mit Neubautendern 2'2'T 28 der BR 50^{40} gekuppelt, welche nach Ausmusterung der Neubauloks frei geworden waren. 1966 beginnend, wurden insgesamt 72 Maschinen mit Ölhauptfeuerung ausgerüstet und in die neue Unterbaureihe 50^{50} umgezeichnet. Die Rekoloks der BR 50^{35} wurden zunächst vorwiegend auf Flachlandstrecken eingesetzt, ab Anfang der 60er Jahre auch im sächsischen Raum. Gerade hier wurden sie aufgrund ihrer Leistungsfähigkeit für den mittelschweren Güterzugdienst unentbehrlich. Sowohl die Durchgangs- als auch die Nahgüterzüge wurden mit der BR 50^{35} bespannt. Noch in den 80er Jahren waren beispielsweise Güterzugleistungen zwischen Chemnitz (damals noch Karl-Marx-Stadt) und Roßwein eine Domäne der Reko-50. Die letzten Lokomotiven der BR 50^{35} standen bis 1989 im Dienst der DR.

Bauart	1'Eh2
Treib- und Kuppelraddurchmesser	1.400 mm
Höchstgeschwindigkeit	80 km/h
Zylinderdurchmesser	600 mm
Kolbenhub	660 mm
Kesselüberdruck	16 bar
Länge über Puffer mit Tender 2'2T26	22.940 mm
Wasservorrat	26 m³
Kohlen-/Heizölvorrat	8 t / 11,2 t
Dienstmasse (o. Tender)	88,2 t
Reibungsmasse	77,0 t
Indizierte Leistung	1.294 kWi

Baureihe 22

Die Reko-P-10 • Umbau 1958–1962

22.001-085 (ab 1970: 39.10)

Die Deutsche Reichsbahn besaß bei Kriegsende 85 Lokomotiven der Baureihe 39^{0-2} (preußische P 10), von denen bis 1956 neun ausgemustert werden mussten. Die PKP gab der DR neun der zehn bei ihr verbliebenen Maschinen zurück (39 038, 039, 104, 112, 115, 171, 174, 187 und 191), so dass der Bestand wieder 85 betriebsfähige Maschinen umfasste. Die P 10 galt als „Kohlenfresser". Dampf- und Kohleverbrauch standen aufgrund der mangelhaften Zufuhr von Verbrennungsluft in keinem Verhältnis zur Maschinenleistung. Die Deutsche Reichsbahn, die nur über 65 Lokomotiven der Baureihe 01, über 74 der Baureihe 03 und 16 der Baureihe 03^{10} verfügte, konnte für den Reisezugdienst im Hügelland nicht auf die Baureihe 39 verzichten. Eine Generalreparatur hätte nicht die bauarttypischen Mängel beseitigt, zumal die mehr als 30 Jahre alten Kessel ersetzt werden mussten. Deshalb wurden alle Lokomotiven der BR 39^{0-2} in das Rekonstruktionsprogramm aufgenommen.

Kernstück der Rekonstruktion war die Ausrüstung der Lokomotiven mit dem geschweißten Verbrennungskammerkessel vom Typ 39 E, der auch für die Baureihen 03, 03^{10} und 41 verwendbar war. Weil der Rekokessel länger als der Originalkessel war, musste der Rahmen vorgeschuht werden. Hinter dem Achslagerausschnitt des vierten Kuppelradsatzes wurde der Rahmen getrennt und das hintere Rahmenteil durch einen 3.050 mm langen Vorschuh ersetzt. Der Schleppradsatz rückte um 550 mm nach hinten, so dass der Gesamtradsatzstand der Lokomotive von 11.600 mm auf 12.150 mm anstieg. Der Kessel besaß eine 1.475 mm lange Verbrennungskammer und eine Strahlungsheizfläche von 21,3 m^2 (Originalkessel 17,51 m^2). Gleichzeitig wurde der preußische Kuppelkasten durch einen der Einheitsbauart ersetzt, so dass die Lokomotiven mit allen Einheitstendern gekuppelt werden konnten. Üblich waren die Tender 2'2'T 32 oder 2'2'T 34. Zur Verbesserung der Luftzufuhr zum Rost erhielten die Lokomotiven Aschkästen der Bauart Stühren. Die Kesselspeisung erfolgte durch eine Mischvorwärmeranlage Bauart IfS/DR mit in der Rauchkammer vor dem Schornstein befindlichem Mischkasten. Die Verbundmischpumpe saß links in Fahrzeugmitte an einem besonderen Pumpenträger, der auf der rechten Seite die Doppelverbund-Luftpumpe aufnahm. Die zweite Speiseeinrichtung war eine Strahlpumpe. Wegen der inneren Kesselspeisewasseraufbereitung konnte auf einen Speisedom verzichtet werden. Beide Speiseleitungen mündeten auf der linken Kesselseite vor dem Sandkasten über Kesselspeiseventile in den Kessel. Alle Kesselarmaturen waren mit denen der Neubaulokomotive der Baureihe 23^{10} tauschbar, von der auch das neue Führerhaus stammte, so dass, in Verbindung mit den Witte-Windleitblechen, eine moderne Lokomotive im Stil der Einheits- und Neubaulokomotiven entstanden war. Die verschlissenen Zylinder sind durch neue in Stahlschweißkonstruktion ersetzt worden, auch die Kropfachswellen wurden erneuert. An die Stelle der Regelkolbenschieber traten Druckausgleich-Kolbenschieber Bauart Trofimoff mit besseren Leerlaufeigenschaften. Der Steuerbock war, wie bei allen Neubau- und Rekolokomotiven, nicht mehr am Stehkessel, sondern am Rahmen befestigt und damit von der Wärmedehnung des Kessels unabhängig. Die Betätigung des Nassdampfreglers Bauart Schmidt & Wagner erfolgte durch Seitenzug. Ansonsten sind an Triebwerk und Steuerung keine Änderungen vorgenommen worden. Das wichtigste Einsatzgebiet der Baureihe 22 blieb der Reisezugdienst auf den Mittelgebirgsstrecken. Dabei waren unter anderem Karl-Marx-Stadt, Dresden, Reichenbach, Gera und Saalfeld ihre Heimatdienststellen. Das Bw Karl-Marx-Stadt Hbf beheimatete zeitweise bis zu 30 Loks dieser Baureihe. Besonders im Städteschnellverkehr nach Berlin wurden die Lokomotiven stark beansprucht, weil hier abschnitts-

weise mit 120 km/h gefahren wurde (dabei lag die zulässige Höchstgeschwindigkeit der Baureihe 22 bei 110 km/h!). Eilzugleistungen nach Leipzig gehörten ebenso zu den Diensten der Karl-Marx-Städter 22er wie Schnellzugleistungen Dresden – Plauen. Das Bw Dresden-Altstadt fuhr mit den Lokomotiven Eilgüterzüge nach Seddin. Mit der Elektrifizierung des sächsischen Dreiecks Dresden – Werdau, Dresden – Leipzig und Leipzig – Werdau – Reichenbach wurde die Baureihe 22 schneller entbehrlich, als zunächst vorauszusehen war. Einige Loks wurden nach weniger als zehn Jahren Einsatzzeit zu Dampfspendern umgebaut, andere in den Raum Magdeburg/Halberstadt abgegeben, wo sie im Harzvorland wenig effektiv vor Eil- und Personenzügen eingesetzt waren. Ab 1968 sind 50 der Rekokessel zur Rekonstruktion der Baureihe 03 verwendet worden.

Bauart	1'D1'h3
Treib- und Kuppelraddurchmesser	1.750 mm
Höchstgeschwindigkeit	110 km/h
Zylinderdurchmesser	520 mm
Kolbenhub	660 mm
Kesselüberdruck	16 bar
Länge über Puffer mit Tender 2'2T34	23.700 mm
Wasservorrat	34 m^3
Kohlenvorrat	10 t
Dienstmasse (o. Tender)	107,5 t
Reibungsmasse	74,0 t
Indizierte Leistung	1.294 kWi

Baureihe 58^{30}

Die beste Rekolok?

58.3001-3056 (ab 1970: 58.30)

Baujahre 1958–1962

Die DR hatte nach dem Zweiten Weltkrieg über 500 Loks der BR 58^{2-21} (preußische G 12) im Bestand. Wegen ihrer Leistungsfähigkeit waren die 58er vor allem im Mittelgebirgsdienst geschätzt und unentbehrlich, weil der DR nicht genügend Einheitslokomotiven zur Verfügung standen. Die G 12 waren noch relativ jung und ihr Erhaltungszustand recht gut. In ihrer Ursprungsausführung wiesen sie jedoch einige konstruktive Mängel auf. Die Zylinder konnten eine größere Menge Dampf verarbeiten, als der Kessel hergab. Die vielteilige Steuerung unterlag Verschleißerscheinungen, die zu ungenauer Dampfverteilung führten. Besonders krass machte sich dies bei der abgeleiteten Steuerung des Innenzylinders bemerkbar. Um die grundlegenden Mängel abzustellen und das Leistungsvermögen der Loks voll auszuschöpfen, nahm die DR die Baureihe 58^{2-21}in das Rekonstruktionsprogramm auf. Mit dem Neubaukessel der BR 50^{35} stand ein Dampferzeuger mit höherer absoluter und spezifischer Verdampfungsleistung zur Verfügung. Der Einbau dieses Kessels in G-12-Lokomotiven versprach eine Beseitigung des Missverhältnisses zwischen Kessel und Dampfmaschine. Der unverändert übernommene Ersatzkessel vom Typ 50 E besaß eine Verbrennungskammer. Gespeist wurde er von einer Mischvorwärmeranlage Bauart IfS/DR mit Verbundmischpumpe VMP 15/20. Als zweite Speiseeinrichtung diente die übliche Dampfstrahlpumpe. Der Betriebsdruck des neuen Kessels war gegenüber dem alten G-12-Kessel um 2 bar höher. Der Neubaukessel übertraf den Ersatzkessel an Länge, so dass eine Vorschuhung des Rahmens erforderlich wurde. Luft- und Speisepumpe bekamen an einem neuen Pumpenträger in Fahrzeugmitte einen neuen Platz. Der Nassdampfventilregler Bauart Schmidt & Wagner wurde auf Seitenzugbetätigung umgestellt. Der Aschkasten der Bauart Stühren war nicht mehr am Stehkessel, sondern am Rahmen befestigt. Während die Steuerung der Außenzylinder unverändert blieb, wurde die Steuerung des Innenzylinders grundlegend umgestaltet. Um die kostspielige Fertigung einer zweiten Kropfachse mit Steuerexzenter zu umgehen, griff man auf das bei der BR 39 (pr. P 10) bewährte Prinzip zurück. Der Antrieb der Innensteuerung wurde nunmehr vom fünften Kuppelradsatz abgenommen und mittels einer zwischen drittem und viertem Kuppelradsatz angeordneten Übertragungswelle auf die Innenschwinge übertragen. Statt der ursprünglichen Regelkolbenschieber und preußischen Druckausgleichventile Bauart Müller-Knorr er-

hielten alle drei Zylinder Trofimoff-Schieber. Für die rekonstruierte Baureihe 58 wurde das gleiche Führerhaus wie bei den Neubau-Schlepptenderlokomotiven der DR vorgesehen. Es entsprach im Wesentlichen der Einheitsbauart, wurde für die BR 58 jedoch in geschweißter Ausführung gefertigt. Als Baumuster für die Rekonstruktion diente die 58 1379. Sie verließ im März 1958 das Ausbesserungswerk mit der neuen Betriebsnummer 58 3001 und wurde bei der Fahrzeugversuchsanstalt Halle messtechnisch untersucht. Die Messfahrten wurden immer wieder wegen auftretender Heißläufer und Schieberschäden unterbrochen. Diese Schwierigkeiten resultierten aber nicht aus Konstruktionsmängeln, sondern waren das Ergebnis ungenauer Arbeitsausführung im Raw. Grundsätzlich zeigten die Ergebnisse der Messfahrten, dass die Reko-G-12 der Ursprungsausführung in allen Belangen überlegen war. Der Kohleverbrauch war niedriger, der Dampfverbrauch geringer als bei der alten G-12. Die Zugkraft der Rekolok übertraf ebenfalls diejenige des Ausgangstyps. Wohl bei keiner anderen Rekolok waren die Ergebnisse der Neubekesselung so beeindruckend. Zur Vergrößerung des Aktionsradius wurden den rekonstruierten 58ern statt der angestammten dreiachsigen Tender auch vierachsige Tender unterschiedlicher Bauarten beigestellt, die ein beträchtlich größeres Fassungsvermögen für Wasser und Kohle besaßen. Zum Teil wurden die Loks mit Neubautendern 2´2´T 28 gekuppelt, wie sie für die Baureihen 23^{10} und 50^{40} Verwendung fanden. Insgesamt wurden 56 Maschinen rekonstruiert. Ursprünglich waren etwa 100 Loks vorgesehen; dieser Plan wurde hinfällig, als sich die DR verstärkt der modernen Traktion zuwandte und die allmähliche Ablösung der Dampfloks durch Diesel- und Elektrolokomotiven anstrebte. Die Reko-Lokomotiven der BR 58^{30} haben sich im Betriebsalltag sehr gut bewährt; ihnen waren Zugförderungsaufgaben zuzumuten, die sich von denen der schweren Einheitslok der BR 44 kaum noch unterschieden. Sie fuhren vorwiegend auf den Strecken des sächsischen und thüringischen Hügellandes und waren zunächst in drei Bahnbetriebswerken konzentriert: Leipzig-Engelsdorf, Dresden-Friedrichstadt und Gera. Später beheimateten auch die Bw Karl-Marx-Stadt-Hilbersdorf, Saalfeld, Gotha und Sangerhausen die Reko-G-12. Im Jahre 1975 wurde eine größere Anzahl von Maschinen zum Bw Riesa umbeheimatet. Letztes Einsatz-Bw für die BR 58^{30} wurde das Bw Glauchau, das bis 1982 Zugförderungsleistungen mit ihr erbrachte.

Bauart	1'Eh3
Treib- und Kuppelraddurchmesser	1.400 mm
Höchstgeschwindigkeit	70 km/h
Zylinderdurchmesser	570 mm
Kolbenhub	660 mm
Kesselüberdruck	16 bar
Länge über Puffer mit Tender 2'2T28	22.110 mm
Wasservorrat	28 m^3
Kohlenvorrat	10 t
Dienstmasse (o. Tender)	97,2 t
Reibungsmasse	83,3 t
Indizierte Leistung	1.187 kWi

Baureihe 41 (Reko)

Die Baureihe 41 sollte in das Rekonstruktionsprogramm aufgenommen werden, weil die Reichsbahn noch über mehrere Erhaltungsabschnitte hinweg nicht auf die leistungsfähigen und universell einsetzbaren Lokomotiven verzichten konnte, aber auch diese Baureihe von den Problemen mit dem nicht alterungsbeständigen Kesselbaustoff St 47 K betroffen war. Weil 1957 der Rekokessel noch nicht verfügbar war, einige Lokomotiven aber dringend neu bekesselt werden mussten, beschaffte die Reichsbahn vom VEB Schwermaschinenbau „Karl Liebknecht" Magdeburg (SKL) 21 Ersatzkessel alter Konstruktion in neuer Schweißausführung. Diese aus St 34.11 gefertigten Nachbaukessel unterschieden sich vom Originalkessel durch das Fehlen des Speisedomes, hatten also mit Sandkasten und Dampfdom nur zwei Kesselaufbauten. Vom Rekokessel waren sie äußerlich daran zu unterscheiden, dass sie am Hinterkessel über den Stirnfenstern nur vier Waschluken in einer Reihe besaßen. 1959 begann in den Raw Karl-Marx-Stadt und Zwickau die Rekonstruktion von insgesamt 80 Lokomotiven der Baureihe 41. Sie bestand im Wesentlichen in der Ausrüstung mit dem geschweißten Verbrennungskammerkessel Typ 39 E, wie er auch bei den Baureihen 22 und 03^{10} verwendet worden ist. Dieser Kessel besaß zwar die gleiche Strahlungsheizfläche wie der Neubaukessel, der von der DB für die Baureihen 03^{10} und 41 entwickelt worden ist, hatte aber durch seine größere Verdampfungsheizfläche eine höhere stündliche Dampfleistung. Die Leistung des DB-Kessels betrug 13,3 t/h, die des DR-Kessels fast 15 t/h. Im Rahmen der Rekonstruktion erhielten die Lo-

Fast eine Universallok

41.003–357 [mit Lücken] (ab 1970: 41.10-13); ab 1992: 041; Umbau 1959 –1960

komotiven neue Aschkästen, Mischvorwärmeranlagen Bauart IfS/ DR und der Nassdampfregler wurde auf Seitenzugbetätigung umgestellt. Der Steuerbock war am Rahmen befestigt und damit von der Wärmedehnung des Kessels unbeeinflusst. Für die innere Steuerung sind Schieber der Bauart Trofimoff verwendet worden. Im Gegensatz zu den Baureihen 01, 50, 52 und 58 erhielten die Rekoloks der BR 41 keine neue Unterbaureihe, um rekonstruierte von nicht rekonstruierten Loks unterscheiden zu können. Noch Anfang der siebziger Jahre waren die Loks der BR 41 vor allem im Hügelland auch vor Schnellzügen zu finden. Dann aber konnte die DR weitgehend auf die Dienste der BR 41 verzichten. Ab 1977 führte das Raw Meiningen keine großen Schadgruppen mehr aus, so dass 1979 der Bestand auf 34 Lokomotiven gesunken war. Die 1981/82 verfügte Abstellung aller Ölloks bewirkte die Reaktivierung einiger abgestellter Loks. Die Einsatzstelle Göschwitz verabschiedete im November 1986 ihre letzte 41er.

Bauart	1'D1'h2
Treib- und Kuppelraddurchmesser	1.600 mm
Höchstgeschwindigkeit	90 km/h
Zylinderdurchmesser	520 mm
Kolbenhub	720 mm
Kesselüberdruck	16 bar
Länge über Puffer mit Tender 2'2T32	23.905 mm
Wasservorrat	32 m^3
Kohlenvorrat	10 t
Dienstmasse (o. Tender)	103,2 t
Reibungsmasse	70,9 t
Indizierte Leistung	1.294 kWi

Baureihe 03^{10}

Dampflok-Stars mit neuen Kesseln

03.1010-1090 [mit Lücken] (ab 1970: 03.00)

Baujahre 1959, 1966

Am 10. Oktober 1958 zerknallte bei der Durchfahrt mit dem „Balt-Orient-Express" im Bahnhof Wünsdorf an der Strecke Dresden – Berlin der Kessel der 03 1046. Der Unfall signalisierte auf dramatische Weise, in welch schlechtem Zustand sich die Einheitslok-Kessel aus dem nicht alterungsbeständigen Stahl St 47 K befanden. Die Bahnverwaltungen beider deutschen Staaten mussten zu jener Zeit über Neubekesselung oder Ausmusterung jener Maschinen entscheiden, deren Kessel in den 30er und 40er Jahren aus St 47 K gefertigt worden waren. Zur Deutschen Reichsbahn waren nach Kriegsende 19 Lokomotiven der Baureihe 03^{10} gekommen. Die eleganten stromlinienverkleideten Schnellzuglokomotiven waren einst die Dampflok-Stars der alten Reichsbahn. Bis auf die wegen zu schwerer Schäden ausgemusterte 03 1079 wurden die Loks nach Beseitigung von Kriegsschäden und der Stromlinienverkleidung ab 1954 beim Bahnbetriebswerk Stralsund konzentriert.

Zum Zeitpunkt des Wünsdorfer Unfalles hatte die Hauptverwaltung der Maschinenwirtschaft die Baureihe 03^{10} bereits in ihr Rekonstruktionsprogramm aufgenommen. 1959 sollten die Lokomotiven den auch für die Baureihen 22 und 41 entwickelten Verbrennungskammerkessel vom Typ 39 E erhalten.

Die 03 1077 und die 03 1088 waren schon 1956 aus dem Verkehr gezogen worden, weil die Betriebssicherheit ihrer Kessel nicht mehr gegeben war. Die DR ließ für sie zwei Ersatzkessel nach den Originalzeichnungen in Schweißausführung fertigen. Im Verlaufe des Jahres 1959 sind im Raw Meiningen die übrigen 16 Lokomotiven, darunter auch die Wünsdorfer Unfalllok 03 1046, rekonstruiert und mit Verbrennungskammerkesseln ausgerüstet worden.

Bis auf die 03 1010 und die 03 1074 bekamen alle Maschinen bei der Rekonstruktion die Mischvorwärmeranlage der Bauart IfS/DR (= Institut für Schienenfahrzeuge/Deutsche Reichsbahn) und die Kolbenverbundmischpumpe Typ VMP 15/20. Die 03 1010 und 03 1074 behielten für ihren Einsatz als Bremslokomotiven bei der Versuchs- und Entwicklungsstelle Maschinentechnik (VES-M) Halle den Oberflächenvorwärmer Bauart Knorr und die Kolbenspeisepumpe KP 4. Sie erhielten überdies Gegendruckbremsen der Bauart Riggenbach. Die 03 1010 war bei der Rekonstruktion mit dem Giesl-Flachejektor ausgerüstet worden. Auch nach der Rekonstruktion waren die Lokomotiven für eine Höchstgeschwindigkeit von 140 km/h zugelassen und damit zu diesem Zeitpunkt die schnellsten Dampflokomotiven der DR. Dieses Limit konnte bestenfalls von den Lokomotiven der VES-M genutzt werden, für alle anderen im Plandienst stehenden Maschinen galt die Streckenhöchstgeschwindigkeit der DR von 120 km/h.

Das Raw Meiningen rüstete 1965 neun Lokomotiven, 1966 drei sowie 1967, 1970, 1972 und 1973 jeweils eine auf Ölhauptfeuerung um. Dabei erhielten 1966 auch die zunächst mit Nachbaukesseln ausgerüsteten 03 1077 und 03 1088 Rekokessel.

Nachdem die VES-M Halle 1967 die 03 1074 und 1974 die 03 1010 als Bremslokomotiven nicht mehr benötigte und an das Bw Stralsund abgegeben hatte, waren alle Dreizylinder-03 dort beheimatet und im Reisezugdienst auf den Strecken Saßnitz – Stralsund – Berlin und Wolgast Hafen – Berlin im Einsatz. Die Lokomotiven wurden im Transitverkehr nach Saßnitz und im Ostseebäderverkehr, vor allem in der Sommersaison, hoch beansprucht. Die 03 0010 machte am 31. Mai 1980 vor dem Zugpaar D 813/D 914 die letzte planmäßige Fahrt ihrer Baureihe. Wieder auf Rostfeuerung zurückgebaut, kam sie in den Park betriebsfähiger Traditionslokomotiven der Deutschen Reichsbahn. Sie blieb wie auch die 03 1090 erhalten.

Bauart	2'C1'h3
Treib- und Kuppelraddurchmesser	2.000 mm
Höchstgeschwindigkeit	140 km/h
Zylinderdurchmesser	470 mm
Kolbenhub	660 mm
Kesselüberdruck	16 bar
Länge über Puffer mit Tender 2'2'T34	23.905 mm
Wasservorrat	34 m^3
Kohlen-/Heizölvorrat	10 t / 13,5 m^3
Dienstmasse (o. Tender)	104,0 t
Reibungsmasse	56,4
Indizierte Leistung	n.b.

Baureihe V 15^{10}

Die erste Diesellok

V 15.1001-1020 (ab 1970: 101.0; ab 1992: 311.0)

Baujahre 1959–1961

Im Neubauprogramm der Deutschen Reichsbahn war eine leichte Rangier-Diesellokomotive mit einer Leistung von 110 bis 132 kW vorgesehen, die die Kleinlokomotiven (Kö) ablösen sollte. Die von LKM Babelsberg 1956 entwickelte Lokomotive mit hochgesetztem Führerstand, 75 kW Motorleistung und mechanischer Kraftübertragung, die für Werk- und Anschlussbahnen bestimmt war, hat die DR in der Grundkonzeption akzeptiert. Die Bahn forderte jedoch für ihre Belange eine höhere Motorleistung, hydrodynamische Kraftübertragung, Bedieneinrichtung auf beiden Seiten des Führerstandes und minimalen Wartungs- und Unterhaltungsaufwand. LKM lieferte Ende 1959 mit den Lokomotiven V 15 1001 – 1005 die Nullserie und bis Mitte 1960 als V 15 1006–1020 eine Kleinserie. Die V 15 1001 – 1020 wurden mit Sechszylinder-Viertakt-Dieselmotoren vom Typ 6 KVD 18 SRW ausgerüstet. Das war ein schnelllaufender, wassergekühlter Sechszylinder-Reihenmotor, der auf eine Nennleistung von 110 kW bei 1.500 min^{-1} eingestellt war. LKM Babelsberg verkaufte Lokomotiven, die der Baureihe V 15^{10} entsprachen, auch an Werk- und Anschlussbahnen. Bis auf die V 15 1004 hat die DR alle Lokomotiven der Nullserie später an Industriebetriebe verkauft. Die Baumusterlokomotive V 15 1001 (LKM Fabr.-Nr. 253 002/1959) kam 1961 als Werklok zum Seifenwerk Riesa. Dort sollte sie 1991 verschrottet werden, doch das Bw Riesa hat die Maschine erworben und betriebsfähig aufgearbeitet.

Bauart	B dh
Motoren	1 x Elbewerk Roßlau 6 KVD 18 SRW
Zahl der Zylinder pro Motor	6
Höchstgeschwindigkeit	21 km/h (Rangiergang); 32 km/h (Streckengang)
Heizung	–
Länge über Puffer	6.940 mm
Dienstmasse	20 t
Achsfahrmasse	10 t
Leistung	110 kW

ET 170

An der Mauer gescheitert

ET 170.001-004 (ab 1970: 278.2)

Baujahr 1959

Bei der Berliner S-Bahn trat Mitte der fünfziger Jahre ein empfindlicher Fahrzeugmangel ein, da zahlreiche Vorortstrecken elektrifiziert worden waren. 1955 erhielt LEW Hennigsdorf den Auftrag, einen neuen S-Bahn-Zug zu konstruieren. Dabei sollte die bewährte Zugaufteilung der Vorkriegsfahrzeuge beibehalten werden. Neu waren u.a. Jakobsdrehgestelle zwischen den Doppeltriebwagen und Fahrmotoren mit höherer Anfahrbeschleunigung. 1958 wurden im VEB Waggonbau Ammendorf zwei aus je vier Wagen bestehende Halbzüge (ET 170 001a – ET 170 004b) hergestellt, wobei der elektrische Teil in Hennigsdorf gefertigt wurde. Für die Probe- und Testfahrten beheimatete man die Züge in Erkner. Dass es nicht zur Serienfertigung kam, lag weniger an den technischen Mängeln wie Spannungsschwankungen, Belüftungsproblemen und unausgereiften hydraulischen Stoßdämpfern. Den ET 170 stoppte vielmehr die Berliner Mauer: Nach der Teilung der Stadt und des S-Bahn-Netzes am 13. August 1961 gingen die Betriebsleistungen der S-Bahn deutlich zurück, der Fahrzeugpark musste nicht mehr erweitert werden. In den folgenden Jahren kamen die Züge gelegentlich auf der Strecke Erkner – Berlin Friedrichstraße zum Einsatz. Im November 1969 wurden die ET 170 001a – ET 170 002b ausgemustert. Der andere Halbzug erhielt 1970 noch die Betriebsnummern 278 201, 203, 205 und 207. 1972 musterte die DR auch ihn aus.

Bauart	Bo'2'Bo' + Bo'2'Bo' (Halbzug)
Raddurchmesser	900 mm
Höchstgeschwindigkeit	90 km/h
Heizung	elektrisch
Länge über Kupplung (Halbzug)	74.680 mm
Dienstmasse (Halbzug)	140,8 t
Sitzplätze 1. Kl.	–
Sitzplätze 2. Kl.	224
max. Anfahrbeschleunigung	0,7 ms^{-2}
Stundenleistung (Halbzug)	1.200 kW

Baureihe V 60[10]

Beginn einer Erfolgsgeschichte

V 60. 1001-1170 (ab 1970: 106.0-1; ab 1992: 346.0-1)

Baujahre 1958–1964; Indienststellung ab 1960

Eine Diesellokomotive mit hydraulischer Kraftübertragung und einer Traktionsleistung von ca. 440 kW (= 600 PS) war im Neubauprogramm der Deutschen Reichsbahn schon Anfang der 50er Jahre vorgesehen. Sie sollte die Dampflokomotiven der Baureihen 89, 91 und 92 im mittelschweren Rangierdienst ersetzen. Das Pflichtenheft forderte eine Radsatzfahrmasse von < 15t, das Befahren von Gleisbögen mit 80 m Radius, sichere Rangiertritte und gesicherte Übergänge an beiden Enden des Fahrzeugs, das Befahren von Ablaufbergen mit 400 m Radius im Anfahrbogen und 300 m Radius im Ablaufbogen, geringen Lärmpegel zum Wahrnehmen der Rangiersignale, Einmannbedienung und zwei Geschwindigkeitsstufen für Rangier- und Streckendienst. Als Antriebseinheit vorgesehen war der aufgeladene Achtzylinder-Viertakt-Dieselmotor 8 KVD 21 A, der bereits vor der Fertigstellung der Baumusterlokomotive zusammen mit dem neuen Strömungsgetriebe GSR 12/5,1 in der V 36 080 erprobt wurde. Parallel zur Erprobung von Motor und Strömungsgetriebe entstand im VEB Lokomotivbau „Karl Marx" in Babelsberg die Baumusterlokomotive V 60 1001. Sie ist Anfang 1959 fertig gestellt worden. Es war ein D-Kuppler mit asymmetrisch angeordnetem Mittelführerstand, dessen Radsätze über eine Blindwelle angetrieben wurden. Vom serienmäßigen Einbau des 8 KVD 21 A musste man jedoch Abstand nehmen. In der Serie ist der 12 KVD 18/21 als Saugmotor verwendet worden, der in seiner aufgeladenen Version auch bei den Streckendiesellokomotiven der Baureihen V 100 und V 180 eingebaut wurde.

Die Baumusterlokomotive ging am 5. Februar 1959 zur Leerprobefahrt auf die Strecke und absolvierte am 5. März 1959 mit der 19 017 als Bremslok und dem Messwagen 1 der VES-M Halle ihre erste Messfahrt. Die V 60 1002 ist als zweites Baumuster

im September 1959 der DR übergeben worden. Für die Serienfertigung waren einige konstruktive Nacharbeiten erforderlich, so dass erst 1961 eine so genannte Kleinserie mit den Loks V 60 1003–1009 abgeliefert werden konnte. In den folgenden drei Jahren lieferte LKM Babelsberg die Serienlokomotiven:

1962: V 60 1010–1081,
1963: V 60 1082–1145,
1964: V 60 1146–1170.

Obwohl die Ausführung der V 60^{10} als zufriedenstellend eingeschätzt worden ist, waren doch noch Verbesserungswünsche und konstruktive Änderungen erforderlich. LKM lieferte 1964 mit der Betriebsnummer V 60 1201 darum eine Baumusterlokomotive der neuen Ausführung. Die Serienproduktion dieser Version übernahm jedoch LEW Hennigsdorf.

Die Lokomotiven der Reihe V 60^{10-11} (ab 1970: 106.0–1, ab 1992: 346.0–1) sind Anfang der neunziger Jahre aus dem Betriebseinsatz ausgeschieden. Die ersten Ausmusterungen wegen Überalterung gab es bereits 1983. Die Baumusterlokomotive V 60 1001, ab 1965 Lehrmittel an der Ingenieurschule für Eisenbahnwesen in Dresden, war vorübergehend in den Museumsbestand der DR aufgenommen worden und wurde dann von Eisenbahnern des Bahnbetriebswerkes Halle G erhalten und gepflegt.

Bauart	D dh
Motoren	1 KA Johannisthal 12 KVD 18/21
Zahl der Zylinder pro Motor	12
Höchstgeschwindigkeit	60 km/h
Heizung	keine
Länge über Puffer	10.880 mm
Dienstmasse	55 t
Achsfahrmasse	14 t
Leistung	478 kW

Baureihe VT 2.09.0

Auf das Drängen des DDR-Verkehrsministers und DR-Generaldirektors Erwin Kramer hin stellte das SED-Zentralkomitee im Juli 1955 die Weichen für einen ersten Rationalisierungsschub bei der Deutschen Reichsbahn. Dabei sollte insbesondere der Personalaufwand bei den Nebenbahnen deutlich verringert werden. Das war die Geburtsstunde des Leichtverbrennungstriebwagens (LVT). Mit Konstruktion und Fertigung beauftragte man den VEB Waggonbau Bautzen, dessen Vorgängerunternehmen bereits Erfahrungen beim Bau von Triebwagen gesammelt hatte. Ende 1957 war der erste LVT fertig gestellt; er wurde aber erst im Januar 1960 von der DR als VT 2.09.001 übernommen und beim Bw Haldensleben beheimatet. Kurz darauf folgte der VT 2.09.002 und 1962 erschien die Nullserie VT 2.09.003–007 mit den Beiwagen VB 2.07.503–507. Bis Januar 1965 lieferte der Waggonbau Bautzen dann je 63 Serien-VT bzw. -VB ab. Der Rahmen ist eine vollständig geschweißte Konstruktion aus Walzprofilen und Blechen. Die in Rollenlagern laufenden Radsätze werden im Rahmen spielfrei geführt. Parallel zu deren Schraubenfedern sind Stoßdämpfer und Stabilisatoren zur Verbesserung der Laufeigenschaften geschaltet. Die Maschinenanlage ist im Rahmen unterflur angeordnet. Das Drehmoment wird über eine Flüssigkeitskupplung stoßfrei auf das Schaltgetriebe, ein mechanisches Sechsganggetriebe, dessen Zahnräder ständig im Eingriff sind, übertragen. Das Getriebe wird von einem Gangwahlschalter im Führerstand aus betätigt. Es ist als Achswendegetriebe ausgeführt. Am Rahmen befinden sich ferner alle Nebenaggregate, Kraftstoffbehälter, Sandstreueinrichtung, Bremsanlage, Einrichtungen der Sicherheitsfahrschaltung und Spurkranzschmierung. Der Rahmen trägt die Bremsmagnete. Die Magnetschienenbremse kann nur im Zusammenwirken mit der Druckluftbremse, einer einlösigen Einkammer-Scheibenbremse mit einer Bremsscheibe pro Radsatz, betätigt werden. Als Zug- und Stoßvorrichtung dient eine automatische Mittelpufferkupplung der Bauart Scharfenberg. Der Wagenkasten ist als selbsttragende Stahlleichtbaukonstruktion ausgeführt. Seine sehr gute Festigkeit bezieht er aus dem gesickten Stahlblech des

Die „Ferkeltaxe"

VT 2.09.001-070 mit VB 2.07.501-570 (ab 1970: 171.0 mit 171.8; ab 1992: 771 mit 971)

Baujahre 1957–1964; Indienststellung ab 1960

Fußbodens und der überaus robusten, verwindungssteifen Verbindung zwischen Dach, Seitenwand und Untergestell. Der Wagenkasten stützt sich über Schraubenfedern auf die vier Eckpunkte des Rahmens ab. Die Fenster sind rahmenlos mit Gummi im Wagenkasten gelagert. Bis zur Ordnungsnummer 032 sind die Stirnfronten der Trieb- und Beiwagen mit einer viereckigen Frontscheibe und zwei jeweils um die Ecke gezogenen Scheiben versehen. Alle anderen Fahrzeuge dagegen besitzen drei flache Frontscheiben, deren mittlere die größere ist. Der Fahrgastraum ist als Großraum gestaltet; die Führerstände schließen sich ohne Trennwände an beiden Enden an. Der Triebwagen hat ebenso wie der Beiwagen auf jeder Seite zwei elektropneumatisch betätigte Drehfalttüren. Der Beiwagen entspricht vom konstruktiven Aufbau her weitgehend den Triebwagen und gleicht Letzteren auch äußerlich vollständig. Der Wagenkasten stützt sich aber über Gummi-Schichtenfedern auf dem Rahmen ab. Der Fahrgastraum bietet 45 Sitzplätze sowie ein neun Quadratmeter großes Traglastenabteil. Die Beiwagen verfügen über eine eigene Stromversorgung. Als nachteilig erwies sich die einfache Fahrsteuerung, die keine Steuerung mehrerer gekuppelter LVT-Einheiten von einem Führerstand aus ermöglicht. In den Wendebahnhöfen muss der Triebwagen daher leider stets umsetzen. Um wieder mehr Fahrgäste für die Schiene zu begeistern, ließ die DR die LVT Anfang der neunziger Jahre modernisieren. Damit verbunden war die teilweise Remotorisierung und der Umbau einiger Bei- in Steuerwagen.

Bauart (VT/VB)	1A / 2
Motoren	1 x Elbewerk Roßlau 6 KVD 18 S/HRW
Zahl der Zylinder pro Motor	6
Höchstgeschwindigkeit	90 km/h
Heizung	Frischluft
Länge über Kupplung (VT)	13.180 mm
Dienstmasse (VT)	19,3 t
Sitzplätze 1. Kl. (VT/VB)	–
Sitzplätze 2. Kl. (VT/VB)	54/45
Leistung	132 kW

V.180.001 - V.180.002

Im Januar 1953 forderte die Deutsche Reichsbahn von der DDR-Industrie die Entwicklung und den Bau von Großdiesellokomotiven. In Gemeinschaftsarbeit des Instituts für Schienenfahrzeuge Berlin-Adlershof, dem Lokomotivbau „Karl Marx" Babelsberg (LKM) und der DR entstanden unter Einbeziehung weiterer Industrieinstitute sowie der vorgesehenen späteren Hauptzulieferer – dem Motorenwerk Berlin-Johannisthal und dem Strömungsmaschinenbau Dresden – die Pflichtenhefte und Entwurfsunterlagen für die ersten DR-Großdiesellokomotiven. Bekannt ist, dass zu dieser Zeit auch im LEW Hennigsdorf (früher AEG, jetzt Bombardier) an einem Entwurf für eine 2.000-kW-Co´Co´-Diesellokomotive mit elektrischer Leistungsübertragung gearbeitet wurde, für deren Prototyp der Import von Maybach-Motoren MD 655 vorgeschlagen worden war. Nach dem ersten Programm von 1955 sollten über 700 Großdiesellokomotiven der Baureihen V 180 und V 240 gebaut werden. Ein Papier aus dem Jahre 1962 nannte dann als Gesamtbedarf 740 Lokomotiven der Baureihen V 180 und V 240 (noch nicht aufgegliedert). Von einer mit V 300 bezeichneten Baureihe sollten 100 Lokomotiven als strategische Reserve gebaut werden, wobei 1962 noch offen war, ob ein Eigenbau in der DDR, eine Gemeinschaftsentwicklung oder eine Fertigungskooperation mit der Sowjetunion möglich sei. Geplant war der Erprobungsbeginn mit zwei Baumustern der V 300 im Jahre 1972. Bei den Großdiesellokomotiven schien alsbald die Entscheidung zur Anwendung der hydraulischen Leistungsübertragung gefallen zu sein. Sie wurde vor allem durch Materialengpässe – insbesondere beim für dieselelektrische Lokomotiven in großer Menge benötigen Kupfer – beeinflusst. Wie bei der Bundesbahn war auch von der DR gefordert worden, dass Dieselmotoren, Strömungsgetriebe und Hilfseinrichtungen in mehreren Lokomotivbaureihen und Triebwagen einheitlich eingesetzt werden konnten, um die Beschaf-

Die ersten Großdiesellokomotiven

Erprobungsmuster, von der DR nicht abgenommen

Baujahr 1960

fungs- und Unterhaltungskosten zu minimieren. Die Baureihe V 180 (später 118, zuletzt 228) wurde als Mehrzwecklokomotive für Hauptstrecken mit der Achsfolge B´B´, zwei Maschinenanlagen und hydraulischer Leistungsübertragung konzipiert und musste zur Beheizung der Reisezüge mit einem Dampferzeuger ausgestattet werden. Anfang 1960 war die Probelokomotive V 180 001 fertig gestellt und absolvierte ihre ersten Versuchsfahrten, kurze Zeit darauf folgte die zweite Baumusterlokomotive V 180 002. Da an diesen Lokomotiven alles neu konstruiert war außer den Strömungsgetrieben, die zunächst von Voith bezogen wurden, traten natürlich vielfältige Probleme auf. Vor allem die Dieselmotoren und Gelenkwellen waren sehr schadanfällig und führten oft zur Unterbrechung der Versuchsfahrten und zu Änderungen und Reparaturen. 1962/63 wurden zwei weitere Vorauslokomotiven (V 180 003 und 004) gefertigt und die Erprobungen durch das Herstellerwerk, das Institut für Schienenfahrzeuge und die DR (federführend war hier die VES-M Halle) intensiviert. Die ersten beiden Baumuster blieben Eigentum von LKM, wurden später ausgeschlachtet und etwa 1965 verschrottet. Ihre Dieselmotoren und Strömungsgetriebe wurden in die ersten Dieseltriebzüge VT 18.16 eingebaut.

Bauart	B'B' dh
Motoren	2 x KA Johannisthal 12 KVD 18/21
Zahl der Zylinder pro Motor	12
Höchstgeschwindigkeit	120 km/h
Heizung	Dampf
Länge über Puffer	19.460 mm
Dienstmasse	78 t
Achsfahrmasse	19,9 t
Leistung	2 x 662 kW

Baureihe 52 80-82

Die rekonstruierte Kriegslok

52.8001-8200 (ab 1970: 52.80-82; ab 1992: 052)

Baujahre 1960–1967

Anfang der sechziger Jahre waren noch etwa 1.200 Exemplare der Kriegslok-Baureihe 52 bei der DR vorhanden. Die Lokomotiven, ursprünglich nur für eine Lebensdauer von etwa fünf Jahren konzipiert, mussten den Hauptanteil der Zugförderungsleistungen im Güterzugdienst erbringen, weil der DR zu wenig Exemplare der Baureihen 44 und 50 zur Verfügung standen. An eine frühzeitige Ausmusterung war also nicht zu denken. Vielmehr musste die DR geeignete Vorkehrungen treffen, um einen Betriebseinsatz auf längere Sicht zu gewährleisten. Neben der umfassenden Erneuerung von Großteilen gehörte dazu die Beseitigung kriegsbedingter Vereinfachungen. Der Zustand von 64 Loks erforderte Instandsetzungsarbeiten, die den üblichen Rahmen einer Hauptuntersuchung überschritten. Sie wurden einer Generalreparatur unterzogen und mit Mischvorwärmeranlagen versehen. Zahlreiche 52er wiesen erhebliche Schäden am Langkessel auf. Für sie kam nur die Neubekesselung in Frage. Die DR prüfte daher, ob als Ersatzkessel der Rekokessel der BR 5035 verwendet werden könnte. Es erwies sich, dass der Neubaukessel prinzipiell geeignet war und sein Einbau nur geringe Anpassungsarbeiten erforderte. Daraufhin wurde die BR 52 in das Rekonstruktionsprogramm aufgenommen. Als Baumuster diente die 52 671, die im Sommer 1960 mit neuem Kessel das Raw Stendal verließ und am 1. Oktober des gleichen Jahres abgenommen wurde. Nach der Rekonstruktion erhielt sie die neue Betriebsnummer 52 8001, so entstand die neue Unterbaureihe 5280. Die Rekonstruktion der BR 52 wurde im Jahre 1967 abgeschlossen. Insgesamt erhielten 200 Maschinen den Neubau-Ersatzkessel und wurden umgezeichnet in 52 8001–8200. Für die Rekonstruktion sah man nur Blechrahmen-52er vor. Der ursprüngliche Stehkesselträger wurde durch eine Neukonstruktion ersetzt, die Pendelblechhalter mussten versetzt werden. Der neue, am Rahmen befestigte Aschkasten Bauart Stühren bedingte das Versetzen einer Rahmenquerverbindung nach vorn. Selbstverständlich ersetzte man bei dieser Gelegenheit die stellkeillosen, mit Passschrauben am Rahmen befestigten Achslagerführungen durch eine Ausführung mit Stellkeilen. Zusätzlich zu den Arbeiten am Rahmen wurden Änderungen an den Führerhäusern erforderlich.

Wie alle rekonstruierten Lokomotiven erhielten auch die neu bekesselten 52er einen Nassdampfregler mit Seitenzugbetätigung. Die Lokomotiven 52 8186–8200 erhielten statt der Regelsaugzuganlage einen Giesl-Flachejektor; bei weiteren Maschinen wurde der Flachschornstein nachträglich eingebaut. Nach einigen Jahren mussten jedoch die Flachejektoren wegen erheblicher Verschleißerscheinungen wieder entfernt werden. Zu erwähnen ist noch, dass 100 Loks neue Krauss-Helmholtz-Gestelle erhielten. Mit der rekonstruierten 52er war eine Güterzuglok entstanden, die der BR 5035 an Leistung ebenbürtig war. Bis Ende der achtziger Jahre war die BR 5280 im Betriebsdienst der DR eingesetzt. Sogar der 1992 in Kraft getretene gemeinsame Umzeichnungsplan DR/DB führte noch einige Maschinen auf.

Bauart	1'Eh2
Treib- und Kuppelraddurchmesser	1.400 mm
Höchstgeschwindigkeit	80 km/h
Zylinderdurchmesser	600 mm
Kolbenhub	660 mm
Kesselüberdruck	16 at
Länge über Puffer mit Tender 2'2T30	22.975 mm
Wasservorrat	30 m³
Kohlenvorrat	10 t
Dienstmasse (o. Tender)	89,7 t
Reibungsmasse	79,6 t
Indizierte Leistung	1.176 kWi

18 314

Ein Traum von einer Dampflok

(ab 1970: 02 0314) • Umbau 1960

Max Baumberg, Werkleiter des Raw Stendal und später Chef der Fahrzeug-Versuchsanstalt (FVA) Halle, und Theodor Düring, Chef der Versuchsanstalt Minden (Westf), vereinbarten Ende der vierziger Jahre den Tausch der 18 314 aus den Westzonen gegen die bei Kriegsende im Bw Dresden-Altstadt stehen gebliebene 18 434 (bay. S 3/6). Baumberg war ein großer Verehrer des süddeutschen, insbesondere des badischen Lokomotivbaus. 1951 kam die Maschine zur damaligen Lokversuchsanstalt nach Halle. Dort ist sie zunächst ohne größere Änderungen eingesetzt worden. Weil bei der FVA Halle die Aufträge der Schienenfahrzeugindustrie zur lauf- und bremstechnischen Untersuchung von Reisezugwagen bei Geschwindigkeiten bis 160 km/h zunahmen, betrieb Baumberg die Rekonstruktion der 18 314 nach Plänen der FVA Halle im Raw Zwickau.

Die Lokomotive hatte dazu den Verbrennungskammerkessel Typ 39 E erhalten, allerdings mussten die Rohre um 220 mm gekürzt werden, damit der Dampfsammelkasten in die Rauchkammer eingebaut werden konnte. Dom und Sandkasten saßen unter einer gemeinsamen Verkleidung, die sich vom Ende der Rauchkammer bis zum Führerhaus erstreckte. Der Schornstein erhielt einen Caledonia-Kranz; der Vorwärmer war quer vor den Schornstein in eine Rauchkammernische

verlegt worden. Die 18 314 erhielt eine keglige Rauchkammertür, eine Verkleidung von Frontpartie und Zylindergruppe, Sonderwindleitbleche und den grünen Anstrich der Schnellfahrlokomotiven. Die zulässige Geschwindigkeit wurde von 140 auf 150 km/h heraufgesetzt. Für den Einsatz als Bremslokomotive besaß sie eine Riggenbach-Gegendruckbremse.

1971 ist sie abgestellt worden. Heute ist die Maschine im Museum „Auto + Technik“ in Sinsheim zu bewundern.

Bauart	2'C1'h4v
Treib- und Kuppelraddurchmesser	2.100 mm
Höchstgeschwindigkeit	150 km/h
Zylinderdurchmesser	2 x 440 mm/680 mm
Kolbenhub	680 mm
Kesselüberdruck	16 bar
Länge über Puffer mit Tender 2'2T34	23.630 mm
Wasservorrat	34 m^3
Kohlen-/Ölvorrat	10 t / 13,5 m^3
Dienstmasse (o. Tender)	105,0 t
Reibungsmasse	95,0 t
Indizierte Leistung	1.294 kWi

Baureihe V 15^{20-23}

Die kleine Rangierlok

V 15 2001–2102, 2200–2349 (ab 1970: 101.1–3; ab 1992: 311.1–3) • Baujahre 1960–1964

Ab Jahresmitte 1960 kam die V 15 in verbesserter und leistungsstärkerer Ausführung als V 15^{20} mit 132 kW Motorleistung und ab V 15 2026 mit von 900 mm auf 1.000 mm vergrößertem Raddurchmesser zur Auslieferung. Die letzte Lokomotive ist 1964 mit der Betriebsnummer V 15 2347 von LKM an die DR abgeliefert worden. Der stabile Innenrahmen ist aus Stahlblech geschweißt, hat verstärkte Enden mit Zug- und Stoßeinrichtung und eine Rahmenabdeckplatte. Im Gegensatz zum Vorbau, der beiderseits einen Umlauf zur Wartung der Maschinenanlage hat, nimmt das Führerhaus die gesamte Fahrzeugbreite ein und ist von beiden Seiten durch Türen zugänglich. Das Dach des Vorbaus ist zum Ausbau der Aggregate abnehmbar. Die Radsätze laufen in Gleitlagern und werden durch oberhalb der Achslager und innerhalb des Rahmens liegende Blattfedern abgefedert (Vierpunktabstützung). Die selbsttätige Einkammer-Druckluftbremse Bauart Knorr (mit Zusatzbremse) bremst alle Räder einseitig von vorn. Als Feststellbremse wirkt eine Handspindelbremse auf das Gestänge der Druckluftbremse. Der Bremszylinder ist unterhalb des Führerhauses, die Handspindelbremse an der Rückwand des Führerhauses angebracht. Der bereits bei der V 15^{10} verwendete Motor 6 KVD 18 lieferte in der ab 1960 gebauten Version bei gleicher Drehzahl 132 kW. Die Leistungsübertragung erfolgt vom Dieselmotor über eine drehelastische Kupplung und Gelenkwelle auf das Strömungsgetriebe (GSR 12/3,7). Diese Kupplung ist keine Schaltkupplung; sie hält Drehmomentstöße, wie sie beim Anlassen und Abstellen des Dieselmotors auftreten, von den Primarteilen des Strömungsgetriebes fern. Das Strömungsgetriebe treibt über das Wendegetriebe die Blindwelle an, diese bewegt über Treibstangen den vorderen Radsatz. Die hinteren Treibstangen sind mit gabelförmigen Bolzen an die vorderen angelenkt. Einige der V 15^{20-23} sind Ankäufe von Industrielokomotiven.

Ab 1975 erhielten die Lokomotiven ab V 15 2026 im Raw Halle im Rahmen planmäßiger Ausbesserungen neue Motoren mit 162 kW Leistung und neue Strömungsgetriebe. Die Motoren entsprachen denen, die in der inzwischen entwickelten Baureihe 102 eingesetzt worden waren. Die so umgebauten Lokomotiven bekamen die Baureihenbezeichnung 101.5–7.

Bauart	B dh
Motoren	1 x Elbewerk Roßlau 6 KVD 18 SRW
Zahl der Zylinder pro Motor	6
Höchstgeschwindigkeit	21 km/h (Rangiergang); 32 km/h (Streckengang)
Heizung	–
Länge über Puffer	6.940 mm
Dienstmasse	20 t
Achsfahrmasse	10 t
Leistung	132 kW

V 36^{48}

Kein Ruhmesblatt

V 36 4801, 4802,

• Baujahr 1960

Die Deutsche Reichsbahn sah in ihrem Neubauprogramm für Diesellokomotiven auch eine Schmalspur-Diesellok vor, um die überalterten Dampflokomotiven der sächsischen Baureihe IV K (BR 99^{51-60}), die auf vielen 750-mm-Strecken noch im Einsatz standen, zu ersetzen. An eine weit reichende Betriebseinstellung der zahlreichen Schmalspurstrecken war wegen des hohen Verkehrsbedürfnisses noch nicht zu denken. Die Planungen für diese Lokomotivtype gingen von einem Bedarf von etwa 100 Exemplaren aus, die sowohl im Reise- als auch im Güterverkehr Verwendung finden sollten. Die Bewältigung der Rangieraufgaben auf Unterwegsbahnhöfen gehörte ebenfalls zu den Aufgaben. 1956 begann die Entwicklung dieser Schmalspur-Diesellok im VEB Lokomotivbau „Karl Marx" Babelsberg. Das Pflichtenheft sah die Beförderung von Zügen bis zu 250 Tonnen in der Ebene mit 30 km/h vor. Bei einer Steigung von 35 Promille sollten die Maschinen vor 100-Tonnen-Zügen noch 10 km/h erreichen können.

Die beiden Baumusterlokomotiven wurden im Dezember 1960 und im Mai 1961 der Rbd Dresden zur Erprobung auf dem sächsischen Schmalspurnetz übergeben. Die Probeeinsätze führten sie auf die Strecken Meißen Japisstraße – Wilsdruff – Potschappel und Meißen Japisstraße – Lommatzsch sowie teilweise auf die Strecke Freital-Hainsberg – Kipsdorf. Negativ war die verhältnismäßig hohe Radsatzlast, die einen freizügigen Einsatz auf den meist nur für sieben Tonnen zugelassenen Strecken verhinderte. Außerdem führten zahlreiche, nur mit aufwendigen konstruktiven Änderungen zu beseitigende Probleme an der Steuerungsanlage und einem großen Teil der Hilfseinrichtungen zu einem dramatisch schlechten Gesamtergebnis der Erprobungen. Daraufhin wurden die Prototypen 1962 abgestellt und zugunsten reparaturbedürftiger V 15 ausgeschlachtet.

Spurweite	750 mm
Bauart	B'B' dh
Motoren	1 x Elbewerk Roßlau 6 KVD 18
Zahl der Zylinder pro Motor	6
Höchstgeschwindigkeit	30 km/h
Heizung	Dampf
Länge über Puffer	12.100 mm
Dienstmasse	41,2 t
Achsfahrmasse	10,5 t
Leistung	132 kW

Baureihe E 11

Die erste Neubau-Elektrolok

E 11 001–042, 211 043–096 (ab 1970: 211; ab 1992: 109)
Baujahre 1960–1976

Mit dem elektrischen Zugbetrieb begann die DR am 1. September 1955 zwischen Halle (Saale) und Köthen. Zum Einsatz gelangten instandgesetzte Bo'Bo'-Vorkriegs-Elektrolokomotiven E 44, die 1946 zusammen mit weiteren Ellok aus Schlesien und Mitteldeutschland in die UdSSR abtransportiert worden und 1952 im Tausch gegen 355 Neubau-Reisezugwagen von dort zurückgekommen waren. Bis Ende 1957 hatte die DR 85 Kilometer unter Draht, für 220 km liefen die Umstellungsarbeiten. Von den Vorkriegs-Baureihen E 04, E 44 und E 94 standen 50 Maschinen wieder im Einsatz. Bei weiteren 20 war die Instandsetzung im Gange. Zu diesem Zeitpunkt war absehbar, dass für die weiteren 600 km Strecke, die elektrifiziert werden sollten, die aufarbeitungswürdigen Vorkriegsmaschinen mit einzeln angetriebenen Radsätzen nicht ausreichten. Daraufhin bekamen die Lokomotivbau-Elektrotechnischen Werke (LEW) Hennigsdorf den Auftrag zur Entwicklung einer neuen Bo'Bo'-Lokomotive. Mit der E 10/E 40 befand sich seit 1956/57 bei der DB eine neue Ellok-Generation auf den Schienen. Die DR und die LEW bemühten sich um eine Lizenznahme, um schneller zu einer modernen Neubaulok zu kommen. Aufgrund der deutschen Teilung war das jedoch nicht möglich. Die Entwicklung und Fertigung der erforderlichen 16 2/3-Hz-Ausrüstungen war Neuland für die Elektroindustrie der DDR, während für den Fahrzeugteil die LEW auf Erfahrungen mit an die PKP gelieferten Gleichstromlokomotiven aufbauen konnten.

Bauart	Bo'Bo'
Raddurchmesser	1.350 mm
Höchstgeschwindigkeit	120 km/h
Antrieb	Tatzantrieb
Heizung	elektrisch
Länge über Puffer	16.260 mm
Dienstmasse	82,5 t
Achsfahrmasse	20,5 t
Stundenleistung	2.920 kW
Geschwindigkeit bei Stundenleistung	98,0 km/h

In den ersten Tagen des Jahres 1961 trafen die Prototypen E 11 001 und 002 im Raw Dessau ein. Für die anschließende umfangreiche Erprobung durch die Versuchs- und Entwicklungsstelle der Maschinenwirtschaft (VES-M) kamen beide Maschinen zum Bw Halle P. Die Abnahmefahrten fanden mit der E 11 001 am 3. Februar und mit der E 11 002 am 13. April 1961 statt. Die Versuchsfahrten ergaben, dass die Lokomotiven das geforderte Betriebsprogramm, welches u. a. die Beförderung von 600-t-Schnellzügen mit 140 km/h in der Ebene, mit 120 km/h bei 5 ‰ Steigung und mit 90 km/h bei 10 ‰ Steigung, von 400-t-Personenzügen mit 70 km/h bei 25 ‰ Steigung sowie von 1.800-t-Güterzügen mit 100 km/h in der Ebene und mit 60 km/h bei 5 ‰ Steigung vorsah, erfüllten. Auch 2.000-t-Güterzüge wurden dabei befördert. Für eine Geschwindigkeit von 140 km/h sah man einen elastischen Radsatzantrieb vor, der aber nur versuchsweise in der E 11 002 eingebaut war. Mit der E 11 005 begann im November 1962 die Serienlieferung. Die gegen Ende der sechziger Jahre geplanten Varianten einer leichten 2.200-kW-Mehrzwecklok E 11^{10} für 120 km/h und einer 3.300-kW-Schnellfahrlok E 11^{20} für 160 km/h wurden durch die vorübergehende drastische Reduzierung der Elektrifizierung verhindert.

Die geschweißten, längsgekuppelten Drehgestelle waren wie der ebenfalls geschweißte Brückenrahmen aus kastenförmigen Hohlprofil-Längsträgern sowie gleichartigen Quer- und Hilfsträgern aufgebaut. Der Lokomotivkasten war mit dem Brückenrahmen verschweißt und hatte über dem Maschinenraum abnehmbare Dachteile. Jeder Radsatz wurde durch einen 12-poligen Wechselstrom-Reihenschlussmotor in Tatzlagerausführung über ein beiderseitiges, schrägverzahntes Stirnradgetriebe angetrieben. Der Haupttransformator war ein fremdbelüfteter Manteltransformator mit zwangsweisem Ölumlauf. Das elektromotorisch betätigte Nockenschaltwerk zur Regelung der Fahrmotorspannung war mechanisch gekuppelt mit einem Feinschaltwerk, das mittels Zusatztransformator eine feinstufige Spannungsänderung zwischen den 14 Fahrstufen ermöglichte. Die Übertragungssteuerung ist als Nachlaufsteuerung ausgebildet. Nach einigen „Kinderkrankheiten" bewährten sich die Maschinen. Sie erreichten monatliche Laufleistungen zwischen 18.000 und 24.000 km. Durch die 243 verzichtbar gewordene 211 baute die DR durch Radsatztausch in 242 um, von 1985–1991 insgesamt 22 Maschinen. Sie wurden als Unterbaureihe 242.3 bezeichnet. Der nach der deutschen Vereinigung eingetretene Verkehrsrückgang beförderte die zuletzt als 109 bezeichneten Lokomotiven auf das Abstellgleis, wenige Loks dienen noch privaten Eisenbahnbetreibern.

Baureihe 131

Wismut-Lokomotiven

99 331–333 (ab 1970: 99.233; ab 1992: 099 904, 905)
Baujahre 1950, 1951; Indienststellung 1960, 1961

Bei öffentlichen Eisenbahnen ist die Spurweite von 900 Millimetern sehr ungewöhnlich, in Werk- und Feldbahnnetzen traf man sie dagegen früher häufiger an. 900-Millimeter-Strecken besaß beispielsweise auch die bald nach dem Zweiten Weltkrieg gegründete Sowjetisch-deutsche Aktiengesellschaft (SDAG) Wismut. Dieses Unternehmen baute im Erzgebirge und in Ostthüringen um Gera und Ronneburg das Uran ab, mit dem die Sowjetunion zur Atommacht aufstieg.

Für die SDAG Wismut entstand Anfang der fünfziger Jahre im LKM Babelsberg eine Serie von vierfach gekuppelten Nassdampf-Tenderlokomotiven, deren Rahmen und Kessel (1,6 m^2 Rost- und 42,9 m^2 Heizfläche) als Schweißkonstruktionen ausgeführt waren.

Im Jahre 1961 übernahm die DR drei dieser Maschinen und ordnete sie als 99 331 bis 99 333 ein. Auf der als „Molli" bekannten Strecke Bad Doberan – Ostseebad Kühlungsborn sollten sie die aus dem Jahre 1923 stammenden Dn2t-Maschinen mit den Betriebsnummern 99 311 bis 313 ersetzen. Dafür mussten sie umfangreichen Veränderungen unterzogen werden, die das Raw Görlitz ausführte.

Die Führerhäuser waren an die Profilverhältnisse der Bäderbahn anzupassen. Man installierte Druckluftbremsen, Lichtmaschinen und Dampfheizeinrichtungen. Außerdem erhielten die Lokomotiven die ungewöhnlichen Zug- und Stoßeinrichtungen der Bäderbahn. Dicht über dem tief liegenden Mittelpuffer befindet sich hier ein Zughaken ohne fest angebaute Kuppelkette. Diese ist lose und wird zum Anhängen in die beiden Zughaken der zu kuppelnden Fahrzeuge eingelegt. Die Loks förderten zunächst Güterzüge und dienten als Reserve für den Personenverkehr. Nach Einstellung des Güterverkehrs verband man die 99 332 fest mit einem Schneepflug. Die 99 333 wurde 1969 ausgemustert. Die beiden anderen Maschinen erhielten 1970 die Nummern 99 2331 und 2332 und erlebten 1992 ihre nächste Umzeichnung zu 099 904 und 905, wobei die erste Ziffer der Ordnungsnummer für die Spurweite steht.

Spurweite	900 mm
Bauart	Dh2t
Treib- und Kuppelraddurchmesser	800 mm
Höchstgeschwindigkeit	35 km/h
Zylinderdurchmesser	370 mm
Kolbenhub	400 mm
Kesselüberdruck	14 bar
Länge über Puffer	8.860 mm
Wasservorrat	3,4 m^3
Kohlenvorrat	2,2 t
Dienstmasse (bei 2/3/ Vorräten)	32,5 t
Reibungsmasse	32,5 t
Indizierte Leistung	320 PSi

23 001

Immer ein Einzelgänger

(ab 1970: 35 2001)

Umbau 1961

Das Beschaffungsprogramm der alten Reichsbahn vom März 1939 sah für den Zeitraum von 1940 bis 1943 den Bau von 800 Einheitslokomotiven der Reihe 23 als Ersatz für Länderbahn-Bauarten wie die preußische P 8 vor.

Als nicht kriegswichtig eingestuft blieb es bei der Reihe 23 bei zwei Baumusterlokomotiven, die Schichau im Herbst 1941 geliefert hatte.

Die Fahrzeug-Versuchsanstalt (FVA) in Halle – die spätere Versuchs- und Entwicklungsstelle der Maschinenwirtschaft (VES-M) – übernahm die 23 001 und 23 002 wie andere Einzelgänger auch 1954 in ihren Bestand. 1961 erhielt die 23 001 im Raw Cottbus den für die Baureihe $50.^{35-37}$ entwickelten Verbrennungskammerkessel. (Auch die 23 002 sollte rekonstruiert werden, was das Raw Cottbus wegen Schäden am Rahmen und den Radsternen aber ablehnte.)

Für den Einsatz als Bremslokomotive der VES M Halle bekam die 23 001 keinen Mischvorwärmer, sondern den Oberflächenvorwärmer Bauart Knorr und behielt die bereits 1957 eingebaute Riggenbach-Gegendruckbremse. Statt bei den Rekolokomotiven üblichen Druckausgleich-Kolbenschiebern Bauart Trofimoff erhielt die 23 001 Kolbenschieber der Regelbauart mit Eckventil-Druckausgleichern. An die Stelle des Speisedomes (der durch die innere Kesselspeisewasseraufbereitung überflüssig war) trat ein zweiter Sandkasten, so dass, wie auch bei der Ursprungsausführung, die ersten beiden Kuppelradsätze beidseitig und der dritte Kuppelradsatz von vorn gesandet werden konnten. Dampfdom und beide Sandkästen bekamen eine gemeinsame Verkleidung.

Im Jahr 1970 nummerte die Reichsbahn die 23 001 in 35 2001 um. Sie stand noch bis 1974 im Dienst der Hallenser Versuchsanstalt.

Bauart	1'C1'h2
Treibraddurchmesser	1.750 mm
Höchstgeschwindigkeit	110 km/h
Zylinderdurchmesser	550 mm
Kolbenhub	660 mm
Kesselüberdruck	16 bar
Länge über Puffer mit Tender 2'2T26	22.940 mm
Wasservorrat	26 m³
Kohlenvorrat	8 t
Dienstmasse (o. Tender)	89,3 t
Reibungsmasse	54,4 t
Indizierte Leistung	n.b.

18 201

Der Dampflok-Star

(ab 1970: 02 0201)

Umbau 1961

Die 18 201 entstand durch den Umbau der dreizylindrigen Stromlinien-Tenderlokomotive 61 002 des Henschel-Wegmann-Zuges in eine Schlepptenderlokomotive. Die 61 002 war die einzige Lokomotive der DR, die für eine Geschwindigkeit von 175 km/h zugelassen war. Die FVA Halle, die auch mit der Erprobung von Reisezugwagen für den Export befasst war, brauchte Lokomotiven, die Wagen im Geschwindigkeitsbereich bis 160 km/h testen konnten. So entstand der Gedanke, die 61 002 in eine Schnellfahr-Schlepptenderlokomotive umzubauen. Die Konstruktion lag bei der Fahrzeug-Versuchsanstalt Halle, die Bauausführung beim Raw Meiningen, wo im Juni 1960 Umbau und Rekonstruktion begannen.

Von der 61 002 waren lediglich Rahmen, Kuppelradsätze und vorderes Drehgestell zu verwenden. Lauf- und Triebwerksteile kamen von der misslungenen H 45 024. Die neue Lokomotive bekam den Verbrennungskammerkessel 39 E, wie er für die Rekonstruktion der BR 22 verwendet wurde, allerdings mit verlängerter Rauchkammer. Das hintere Rahmenteil wurde dem der BR 45 mit 80 mm Wangenstärke nachgebaut, die Bisselachse stammte von der H 45 024, die Schleppradsatzbremse von der BR 41. Auch die beiden Außenzylinder lieferte die H 45 024, der Innenzylinder war eine Neukonstruktion in Schweißausführung. Die Lokomotive erhielt ein Neubaulok-Führerhaus und einen Giesl-Flachejektor.

Die 18 201 unternahm am 5. Mai 1961 ihre Abnahmefahrt und erhielt am 26. Juni 1961 von der Rbd Halle ihre Genehmigungsurkunde.

Am 29. Juni 1967 bekam die Lok eine Ölhauptfeuerung.
Bereits im November 1964 erreichte sie auf dem tschechischen Eisenbahn-Versuchsring Velim Spitzengeschwindigkeiten von 176 km/h. Bis 1980 diente sie als Zuglok bei Schnellfahrversuchen, dann gehörte sie als „schnellste betriebsfähige Dampflok der Welt" zum Traditionspark der DR. Nach einigen Jahren, in denen sie „kalt" blieb, wurde die Maschine 2001/2002 im Werk Meiningen wieder betriebsfähig aufgearbeitet. Im neuen roten Anstrich ist sie seither wieder die schnellste betriebsfähige Dampflokomotive der Welt.

Bauart	2'C1'h3
Treibraddurchmesser	2.300 mm
Höchstgeschwindigkeit	180 km/h
Zylinderdurchmesser	520 mm
Kolbenhub	660 mm
Kesselüberdruck	16 bar
Länge über Puffer mit Tender	25.145 mm
2'2T34	
Wasservorrat	34 m^3
Kohlen-/Ölvorrat	10 t / 13,5 m^3
Dienstmasse (o. Tender)	113,6 t
Reibungsmasse	61,2 t

Baureihe V 75

Schwere Rangierlok aus Prag

V 75 001-020 (ab 1970: 107.0)

Baujahr 1962

Für die in den Leipziger Bahnhöfen rangierenden Einheitstenderloks der BR 80 wurde zu Beginn der sechziger Jahre Ablösung dringens notwendig. Wegen der damals noch geringen Erfahrungen mit den Dieselrangierloks der Reihe V 6010 wollte die DR auf Importfahrzeuge ausweichen. Die Tschechischen Staatsbahnen hatten gute Erfahrungen mit der seit 1958 in großer Stückzahl beschafften T 435.0, einer dieselelektrischen Lok mittlerer Leistungsklasse. Die DR entschied sich 1962 zum Ankauf von 20 Maschinen. Gemäß ihrer Leistung in PS bezeichnete man sie als V 75.

Die Drehgestelle waren mit Drehtragzapfen im vollständig geschweißten Hauptrahmen gelagert. Dessen zwei Längsträger wurden durch vier kastenförmige Querträger verstärkt. Der Aufbau unterteilte sich in den Führerstand und in den dreigeteilten Vorbau für die gesamte Maschinenanlage. Der Motor war ein langsamlaufender und wassergekühlter Viertakter. Der vordere Teil des Vorbaus nahm die Kühlanlage, den Luftverdichter und den Hauptluftbehälter auf. In der Mitte befand sich der Dieselmotor, an dessen Kurbelwelle der Hauptgenerator für die Traktion angeflanscht war, der den hinteren Teil des Vorbaus zusammen mit seinem Erregergenerator und dem Hilfsluftbehälter einnahm. Der Führerstand, nutzte im Gegensatz zum eingezogenen Vorbau die gesamte Fahrzeugbreite aus und konnte von hinten mittig über eine Bühne betreten werden.

Als Bremseinrichtungen waren eine einlösige Westinghouse-Bremse (später eine Knorr-Bremse) und die Zusatzbremse vorhanden. Der Hauptgenerator für die elektrische Kraftübertragung brachte 470 kW Dauerleistung und versorgte die vier Reihenschluss-Tatzlagermotoren mit je 105 kW Dauerleistung. Vom Dieselmotor wurden außerdem der Luftverdichter mechanisch über ein Zwischengetriebe und der Ladegenerator für das 110-V-Bordnetz angetrieben.

Die noch 1962 ausgelieferten Lokomotiven gingen am 30. Oktober desselben Jahres in Betrieb und wurden den Bahnbetriebswerken Leipzig Hbf Süd und Leipzig Hbf West zugeteilt. Ihr Einsatz erfolgte hauptsächlich im Rangierdienst. Im Umzeichnungsplan von 1970 vergab man an die V 75 die Baureihenbezeichnung 107. Sie waren von den siebziger Jahren an auch auf anderen Bahnhöfen im Leipziger Raum eingesetzt.

Als letzte Maschine fuhr im Februar 1986 die 107 004 für die DR, sie wurde anschließend an den VEB Zementwerke Karsdorf verkauft.

Bauart	Bo'Bo' de
Motoren	1 x CKD 6 S 310
Zahl der Zylinder pro Motor	6
Höchstgeschwindigkeit	60 km/h
Heizung	–
Länge über Puffer	12.650 mm
Dienstmasse	62,6 t
Achsfahrmasse	15,8 t
Leistung	552 kW

107 003-6
107 003-6
107 003-6

V 75 015
Deutsche Reichsbahn
V 75 015
V 75 015

Baureihe 01^5

Die Reko-01

01 501-535 (ab 1970: 01.05 [Ölhauptfeuerung] bzw. 01.15 [Rostfeuerung]) • Umbau 1962–1965

Für 1961 plante die DR die Einführung eines Städte-Schnellverkehrs von den Bezirkshauptstädten nach Berlin, der es Dienstreisenden ermöglichen sollte, auch von entfernt liegenden Orten den Ausgangsbahnhof am gleichen Tage wieder zu erreichen. Versuchsfahrten mit Lokomotiven der Reihen 01, 03 und 22 mit 320 t Wagenzugmasse ergaben, dass nur die 01 in der Lage war, diese Züge mit 120 km/h zu befördern. Nun zeigten sich aber an den teilweise über 30 Jahre alten Maschinen Verschleißerscheinungen, die zumindest die Erneuerung der Stehkessel erforderten. So fiel im Februar 1959 die Entscheidung, die Baureihe 01 in das Rekoprogramm aufzunehmen und mit einem Verbrennungskammerkessel auszurüsten. Die Konstruktionszeichnungen für den Kessel und die gesamte Rekonstruktion fertigte die Versuchs- und Entwicklungsstelle der Maschinenwirtschaft (VES-M).

Nach Vorgaben der Hauptverwaltung sollte der neue Kessel eine spezifische Heizflächenbelastung von 70 kg/m²h besitzen und 15 t/h Dampf liefern. HvM und Erhaltungswirtschaft forderten für die rekonstruierten Maschinen eine neue Baureihenbezeichnung, um sie von den nicht-rekonstruierten unterscheiden zu können. Es wurde die Baureihenbezeichnung 01^5 festgelegt. Statt der geplanten zwei Baumuster gab es nur eines – die 1961 in Bitterfeld verunglückte und zur L4 anstehende 01 174. Bei Baubeginn waren weder alle Zeichnungen durchgearbeitet noch alle Teile verfügbar. Die Stahlschweißzylinder konnten im Raw Meiningen gefertigt werden.

Außer der Ende April 1962 fertig gestellten 01 501 verließen im gleichen Jahr noch die 01 502 bis 01 507 das Ausbesserungswerk. Bei dem unterschiedlichen Aussehen der Maschinen konnte man noch nicht von einer Serien-

ausführung sprechen. Für die 01 503 stand kein neues, geschweißtes Drehgestell zur Verfügung; sie erhielt ein verstärktes in genieteter Ausführung. Die 01 504 bekam als Erste Boxpok-Radsätze und eine 400 mm breite Laufblechschürze, 01 505 bis 01 507 für die Kuppelradsätze Speichenradsätze alter Ausführung, aber 01 502–507 hatten Stahlschweißzylinder.
1963 entstanden die 01 508 bis 01 518, von denen die 01 508–511, 513 und 517–518 Boxpok-Radsätze und Laufblechschürze bekamen. Auch 01 502, 503, 507 und 512 erhielten nachträglich Boxpok-Radsätze, so dass insgesamt zwölf Maschinen damit ausgerüstet waren. Der vom Betriebsmaschinendienst ständig bemängelte unruhige Lauf der Lokomotiven hatte seine Ursache in den Boxpok-Radsatzgruppen. Der Lokausschuss untersagte daraufhin den weiteren Einbau von Boxpok-Rädern. Der Beschluss der Hauptverwaltung, hoch belastete Baureihen auf Ölhauptfeuerung umzurüsten, betraf auch die BR 01^5. Bereits bei der Rekonstruktion erhielten ab 01 519 (Baujahr 1964) alle Lokomotiven bis 01 535 Ölhauptfeuerung. Bis auf die Lokomotiven des Bw Berlin Ostbahnhof sind alle anderen 01^5 noch 1965 umgerüstet worden. Das Rekonstruktionsprogramm für die BR 01 wurde auf 35 Maschinen begrenzt. Nach 15 Jahren herausragender Einsätze der 01^5 im Schnellzugdienst entwickelte sich das Bw Saalfeld zur letzten Hochburg dieser Lokomotiven. Die HvM musste 1981/82 wegen Ölmangels alle ölgefeuerten Lokomotiven abstellen. Die Lokomotiven 01 509, 514, 519, 531 und 533 werden heute museal erhalten.

Bauart	2'C1'h2
Treibraddurchmesser	2.000 mm
Höchstgeschwindigkeit	130 km/h
Zylinderdurchmesser	600 mm
Kolbenhub	660 mm
Kesselüberdruck	16 bar
Länge über Puffer mit Tender 2'2'T34	24.350 mm
Wasservorrat	34 m³
Kohlen-/Ölvorrat	10 t / 13,5 m³
Dienstmasse (o. Tender)	111,0 t
Reibungsmasse	60,4 t
Indizierte Leistung	k.A.

Baureihe V 180⁰

Symbol moderner Reichsbahn

V 180 003-087 (ab 1970: 118.0)

Baujahre 1962–1967

Nach Erprobung der Muster V 180 003 und 004 begann bereits 1963 die Auslieferung einer Vorserie (vier Loks) und der ersten Serie (19 Loks). Bis 1965 wurden alle 85 Lokomotiven der Reihe V 180^0, später 118.0, ausgeliefert.

So wie Jahre zuvor die V 200 Symbole der modernen Bundesbahn geworden waren, prägten die V 180 lange Zeit das (Eigen-)Bild der aufstrebenden Reichsbahn. Als die DDR-Regierungsloks V 180 048 und V 180 052 am 19. März 1970 den Sonderzug von Bundeskanzler Willy Brandt zum ersten deutsch-deutschen Gipfeltreffen von Bebra nach Erfurt brachten (Abbildung rechts), gingen die Fotos davon um die Welt.

Rahmen und Lokomotivkasten waren als gemeinsame Tragkonstruktion in Leichtbauweise aus Profilen und Blechen geschweißt. Im oberen, leicht angewinkelten Bereich des Fahrzeugkastens wurden die Kühlerjalousien und die Ansaugöffnungen des Dieselmotors angebracht. Die Pufferträger an den Kopfenden mit den Zug- und Stoßvorrichtungen wurden auswechselbar gestaltet. Das Dach war in sieben einzeln abnehmbare Sektionen geteilt. Die Lokomotiven laufen auf zwei zweiachsigen Drehgestellen.

Die Drehgestellrahmen waren als geschweißte Blechträgerkonstruktionen mit mehreren Querträgern ausgeführt. Bei den vierachsigen Lokomotiven wurden die Zug- und Bremskräfte ohne mittigen Drehzapfen übertragen; vielmehr bestand eine Federbandanlenkung mit je zwei Gelenkzapfen im Lokomotiv- und im Drehgestellrahmen. Schub-Druck-Gummifedern führten die Radsatzlager und besorgten die Primärfederung, Blattfedern die Sekundärfederung.

In allen Lokomotiven der Baureihenfamilie wa-

ren zwei Antriebsanlagen, bestehend jeweils aus Dieselmotor, Kühlanlage, Strömungsgetriebe, Lichtanlassmaschine und Lüftergenerator, installiert. Sie wurden synchron gesteuert, arbeiteten aber völlig unabhängig voneinander, so dass die Lokomotive nach dem Ausfall einer Anlage mit halber Leistung weiterfahren konnte. Jeder Dieselmotor trieb über eine drehelastische Kupplung ein Dreiwandler-Strömungsgetriebe mit eingebauter Wendestufe an. Die Strömungsgetriebe lagen unter den beiden Endführerständen und waren über Gelenkwellen mit Lichtanlassmaschine und Lüftergenerator verbunden. Ebenfalls über Gelenkwellen trieben die Strömungsgetriebe die beiden Radsatzgetriebe eines jeden Drehgestells an.

Für die Zugheizung stand ein automatisch gesteuerter Wasserrohr-Heizrohr-Kessel mit einer Verdampfungsleistung von 800 kg/h zur Verfügung. Zur indirekt wirkenden selbsttätigen Druckluftbremse und zur direkt wirkenden Zusatzbremse kommen zwei Handbremsen, die, ebenso wie die pneumatischen Bremsen, jeweils beidseitig auf alle Räder eines Drehgestells wirken.

Die Lokomotiven waren fast ausschließlich auf Hauptbahnen in der Mitte und im Norden der DDR, vor allem in und um Berlin, eingesetzt. Die meisten Lokomotiven wurden nachträglich mit leistungsstärkeren Motoren und Getrieben ausgerüstet (Baureihe 118.5).

Bauart	B'B' dh
Motoren	2 x KA Johannisthal 12 KVD 18/21 A-1
Zahl der Zylinder pro Motor	12
Höchstgeschwindigkeit	120 km/h
Heizung	Dampf
Länge über Puffer	19.460 mm
Dienstmasse	78 t
Achsfahrmasse	19,9 t
Leistung	2 x 662 kW

Baureihe E 42

Bewährte Technik

E 42 001-173, 242 174-292 (ab 1970: 242; ab 1992: 142)
Baujahre 1962–1976

Nachdem die Deutsche Reichsbahn mit der E 11, der ersten Neubau-Elektrolok, auf Anhieb sehr gute Erfahrungen gemacht hatte, stand der Einführung der Güterzug-Version, der E 42, nichts im Wege. Anfang 1963 nahm die DR die Prototypen E 42 001 und 002 dieser Variante für 100 km/h in Betrieb und erprobte sie. Bis zum Sommer 1963 folgten bereits weitere 20 Maschinen. Zwischen 1963 und Sommer 1969 beschaffte die DR keine weiteren E 11, sondern nur E 42, nämlich die Maschinen bis zur Betriebsnummer E 42 173.

Von 1970 an sind dann wieder Maschinen beider Ausführungen gebaut worden: bis zum Jahresende 1976 die 211 043 – 096 und die 242 174 – 292. Interessant ist in diesem Zusammenhang, dass die Reichsbahn in den sechziger Jahren noch auf die Harmonie der von ihr vergebenen Baureihen mit denen der Bundesbahn achtete. „Hinter" die DB-Schnellzuglokomotive E 10 setzte die Reichsbahn die E 11, „hinter" die Reihen E 40 und E 41 der DB ihre Güterzuglokomotive E 42. Erst mit Einführung des EDV-Nummernsystems 1970 endete dieser Brauch.

Technisch unterschieden sich E 11 und E 42 eigentlich nur durch das Übersetzungsverhältnis des Antriebes: 27:72 bei der E 11 und 21:77 bei der E 42. Die insgesamt sehr bescheidenen Änderungen während der fünfzehnjährigen Lieferzeit betrafen auch das Äußere der Maschinen. Bis zu E 11 042 und E 42 022 haben die Seitenwände vier Doppel-Lüftungsöffnungen mit vertikalen Mehrfachdüsengittern, auf jedem Führerstandsdach ein Typhon und unter den Stirnfenstern geteilte Griffstangen. Die kleinen Stirnschürzen wurden ab 1965 abgebaut.

E 11 001 und 002 haben Lüftungsöffnungen mit horizontalen Mehrfachdüsengittern und Luftpfeifen statt der Typhone. Von der E 42 023 und der E 11 043 an besitzt jede Seitenwand sechs einzelne Lüftungsöffnungen, die Typhone befinden sich zwischen den Stirnfenstern, und auf die Längssicken im Bereich des Brückenträgers wurde verzichtet.

22 durch die Indienststellung der 243er verzichtbar gewordene 211 wurden zwischen 1985 und 1991 durch Radsatztausch in 242 umgebaut. Sie erhielten die Bezeichnung 142.3.

Bauart	Bo'Bo'
Raddurchmesser	1.350 mm
Höchstgeschwindigkeit	100 km/h
Antrieb	Tatzantrieb
Heizung	elektrisch
Länge über Puffer	16.260 mm
Dienstmasse	82,5 t
Achsfahrmasse	20,5 t
Stundenleistung	2.920 kW
Geschwindigkeit bei Stundenleistung	72,0 km/h

Baureihe VT 18.16

Schnelltriebwagen

VT 8.61.01a-10a, 01b-10b, VM 18.16.01c-08

Baujahre 1963–1968

Die gestiegenen Anforderungen im internationalen Reiseverkehr, besonders in die nichtsozialistischen Staaten, machten nicht zuletzt auch aus Prestigegründen die Beschaffung neuer Fahrzeuge notwendig. Wesentliche Teile der Maschinenanlage sollten aus Gründen einer wirtschaftlichen Unterhaltung identisch mit der Reihe V 180 sein. Mit Entwicklung und Bau beauftragte man den VEB Waggonbau Görlitz, der bereits vor dem Krieg unter dem Namen WUMAG Geschichte geschrieben hatte: Aus Görlitz kam der „Fliegende Hamburger"!

Ersten Probefahrten im Februar 1963 folgte am 27. Mai 1963 zwischen Jüterbog und Luckenwalde ein Schnellfahrversuch, bei dem der VT 18.16.01 eine Geschwindigkeit von 178 km/h erreichte. Die offizielle Indienststellung des ersten Zuges war am 15. Oktober 1963. Als erstes Serienfahrzeug kam im Mai 1965 der VT 18.16.02. Ihm folgten im Mai und Juni 1966 die VT 18.16.03 und 04. Die VT 18.16.05 und 06 stellte die DR im Mai 1967 in Dienst. Ebenfalls 1967 kam es zur Auslieferung von vier Mittelwagen, die – als VMe bezeichnet – zur Verstärkung der VT 18.16.01 bis 04 zu fünfteiligen Einheiten verwendet wurden. Noch bevor die vierteiligen VT 18.16.07 und 08 1968 in Dienst gestellt wurden, lieferte man 1967 den ersten Reservetriebwagen VTa 18.16.09 aus. Zwei weitere Mittelwagen, für die VT 18.16.05 und 06, und der zweite

für den internationalen Verkehr

01d-08d, 01e-06e(ab 1970: 175 001-019; 175.3, 4, 5)

Reservetriebwagen VTa 18.16.10 beendeten 1968 die Serie.
Der VT 18.16 begann seinen Plandienst im Sommer 1964 als „NEPTUN" Berlin – Kopenhagen. Als „VINDOBONA" kam er ab 1966/67 zwischen Berlin, Prag und Wien zum Einsatz. Im Sommer 1968 wurde mit dem „BERLINAREN" eine Verbindung zwischen Berlin und Malmö eingerichtet, die ebenfalls vom VT 18.16 bedient wurde. Ab Sommerfahrplan 1969 wurde die Linie Berlin – Karlsbad als „KARLEX" geschaffen. Zu deren Entlastung kam ab 1972 der Zuglauf Leipzig – Karlsbad unter dem Namen „KAROLA" hinzu.
Die Elektrifizierung und die Trendwende zurück zu lokbespannten Zügen entzogen den „Görlitzern" ihr Einsatzgebiet. Ab 1979 wurden die Einheiten nur noch zwischen Berlin und Bautzen, im Messeverkehr nach Leipzig und im Sonderdienst für das Reisebüro der DDR verwendet. Der planmäßige Einsatz endete im Herbst 1985.

Bauart	B'2'+2'2'+2'2'+2'B'
Motoren	2 x KA Johannisthal 12 KVD 18/21 A-2
Zahl der Zylinder pro Motor	12
Höchstgeschwindigkeit	160 km/h
Heizung	Dampf
Länge über Kupplung (VT+VM+VM+VT)	98.140 mm
Dienstmasse (VT+VM+VM+VT)	212,7 t
Achsfahrmasse Triebdrehgestelle	19,8 t
Sitzplätze 1. Kl.	36
Sitzplätze 2. Kl.	104
Sitzplätze Speiseraum	23
Leistung	2 x 736 kW

V 100 001, 002

Endlich eine Nebenbahn-Diesellok!

Erprobungsmuster, von der DR nicht abgenommen
Baujahre 1964, 1965

Zwischen den Baureihen V 60^{10} und V 18^{00}, deren Indienststellung Anfang der sechziger Jahre begann, klaffte vom Leistungsvermögen her eine gewaltige Lücke. Die für den Rangierdienst konzipierte V 60^{10} brachte es auf 478 kW, die für den mittelschweren Streckendienst auf Hauptbahnen vorgesehene V 18^{00} auf 2 x 662 kW. Dazwischen sah das Typenprogramm der Deutschen Reichsbahn eine Baureihe V 100 vor, deren Motorleistung – abhängig vom erreichten Stand der Technik – zwischen 500 und 1000 kW liegen sollte. In diesem Leistungsbereich tat der Traktionswechsel ganz besonders Not, stammten doch viele Tenderlokomotiven und kleine Schlepptenderlokomotiven noch aus Länderbahnzeiten.

1963 erteilte die DR dem VEB Lokomotivbau „Karl Marx" Babelsberg (LKM) den Auftrag für eine vierachsige dieselhydraulische Drehgestelllokomotive mit Einmaschinenanlage, mittig angeordnetem Führerhaus und einer Achslast von 16 Tonnen. Die Lokomotive war vorgesehen für den schweren Rangierdienst und für den Einsatz vor Personen- und Güterzügen im Nebenbahn- und im leichten Hauptbahndienst und musste die Einrichtungen für Einmannbedienung und Doppeltraktion mitbringen.

Auf der Leipziger Frühjahrsmesse 1964 wurde die V 100 001 vorgestellt, ein Jahr darauf folgte V 100 002. Die Betriebserprobungen verliefen erfolgreich, so dass die Serienfertigung ohne grundlegende konstruktive Veränderungen hätte aufgenommen werden können. Inzwischen waren aber die Kapazitäten des LKM durch den forcierten Bau der V 180 erschöpft, so dass die Staatliche Plankommission die V 100 dem VEB Lokomotivbau Elektrotechnische Werke „Hans Beimler" Hennigsdorf (LEW) übertrug.

Die beiden Babelsberger Prototypen waren nach dem Abschluss der Betriebserprobung zur Übernahme durch die DR vorgesehen, wurden aber 1968 durch einen Brand so schwer beschädigt, dass sie leider verschrottet werden mussten. Ihre Betriebsnummern V 100 001 und V 100 002 wurden im Jahre 1969 durch die Umzeichnung von V 100 172 und V 100 173 neu besetzt.

Bauart	B'B' dh
Motoren	1 x KA Johannisthal 12 KVD 18/21 A-2
Zahl der Zylinder pro Motor	12
Höchstgeschwindigkeit	65 km/h (Rangiergang); 100 km/h (Streckengang)
Heizung	Dampf
Länge über Puffer	13.940 mm
Dienstmasse	64 t
Achsfahrmasse	16 t
Leistung	736 kW

Baureihe V $60^{12\,\text{ff.}}$

Allgegenwärtige Rangierlok

V 60 1201-1610, 106 611-999, 105 001-165 (ab 1970: 106.2-9, 105.0-1; ab 1992: 346.2-9, 345.0-1) Baujahre 1964–1982

Die Serie der zweiten V 60-Generation begann 1964 mit der V 60 1202 und endete 1982 mit der 105 165. Ab 1. 7. 1970 galt der EDV-Nummernplan bei der DR, in dem die V 60 die Baureihennummer 106 erhalten hatte. Von 1970 bis 1975 lieferte LEW die 106 611-999. Damit war diese Nummernreihe besetzt, die folgende (BR 107) durch die V 75 belegt, so dass die weiteren Lokomotiven als Baureihe 105.0-1 genummert werden mussten.

Konstruktiv gleichen sich die V $60^{10\text{-}11}$ und die V $60^{12\,\text{ff.}}$ weitgehend: Der geschweißte Blech-Innenrahmen ist mit einer angeschweißten Deckplatte versehen. Besonderen Wert legte man auf die Längsversteifung, um die im Rangierbetrieb auftretenden Stöße aufzufangen. Zwischen dem 2. und 3. Radsatzlagerausschnitt liegt der Ausschnitt für das Blindwellen-Rahmenlager. Die Lokomotive besitzt Vierpunktabstützung. Zur Verbesserung des Bogenlaufes besitzt die Lokomotive zwei Beugniot-Gestelle. Der vordere Aufbau enthält den Dieselmotor und das Verteilergetriebe, die Lichtanlassmaschine und den Lüftergenerator. Im kleineren Aufbau hinter dem Führerhaus sind Kraftstoffbehälter, die Druckluftbehälter und die Batterien untergebracht. Die Räder aller vier Radsätze werden einseitig von vorn abgebremst.

Der Motor 12 KVD 12 SVW arbeitet (ohne Aufladung) nach dem Vorkammerverfahren. Die Leistungsübertragung erfolgt vom Dieselmotor über eine drehelastische Kupplung und das Verteilergetriebe zum dreistufigen Strömungsgetriebe GSR 12/5,1 (Anfahrwandler und zwei Kupplungen), das automatisch in Abhängigkeit von der Fahrgeschwindigkeit schaltet. Das am Strömungsgetriebe angeflanschte Nachschaltgetriebe enthält ein Zweistufen-Wechselgetriebe für Rangier- und Streckengang, die Wendeschaltung und die Zahnradübertragung zur Blindwelle. Diese bewegt über Treibstangen den 2. und 3. Radsatz; 1. und 4. Radsatz werden von den benachbarten Radsätzen über Kuppelstangen angetrieben.

Äußerlich ist die V $60^{12\,\text{ff.}}$ am über die gesamte Fahrzeugbreite reichenden Führerhaus und dem als Schutz gegen Sonne und Regen über die Stirnseiten vorgezogenen Führerhausdach erkennbar. Die Reibungsmasse ist durch den Einbau von Graugussballast von 55 t auf 60 t erhöht. Ab Baujahr 1970 ist das im Gesamtwirkungsgrad bessere Strömungsgetriebe GS 12/5,2 verwendet worden; die Betriebssicherheit und Lebensdauer verschiedener Baugruppen wurde verbessert.

Bauart	D dh
Motoren	1 KA Johannisthal 12 KVD 18/21
Zahl der Zylinder pro Motor	12
Höchstgeschwindigkeit	60 km/h
Heizung	keine
Länge über Puffer	10.880 mm
Dienstmasse	60 t
Achsfahrmasse	15 t
Leistung	478 kW

Baureihe 19⁰

Rekos für den Versuchsdienst

19 015, 022 (ab 1970: 04 0015, 0022)

Umbau 1964, 1965

Die letzten Vierzylinder-Verbund-Schnellzuglokomotiven der Reihe 19 (ehem. sächsische XX HV) waren Mitte der 60er Jahre bei der VES-M Halle beheimatet, die 19 015, 017 und 022 dienten als Bremslokomotiven. Für die leistungstechnische Untersuchung von Lokomotiven der modernen Traktion waren die starken, vierfach gekuppelten Mehrzylinder-Lokomotiven besonders gut geeignet. Ein weiterer Verbleib der 19er im Betriebsbestand machte jedoch eine gründliche Aufarbeitung der Maschinen erforderlich, weil die Kessel aus dem Jahre 1919 ausmusterungsreif waren.

Grundmängel dieser Dampfmaschine waren die unzureichend dimensionierten Dampfführungskanäle in den Zylindern mit zu knapp bemessener Ein- und Ausströmung. Viele Triebwerksteile hatten das Werkgrenzmaß erreicht, Kesselarmaturen und Führerhäuser mussten dringend erneuert werden. Aus diesen Gründen entschloss man sich, die 19 015 und die 19 022 in das Rekonstruktionsprogramm aufzunehmen.

Kernstück der Rekonstruktion war die Ausrüstung mit dem Verbrennungskammerkessel Typ 39 E. Eine wirklich bemerkenswerte Leistung war die Neukonstruktion der Dampfmaschine in Stahlschweißausführung, die nach Zeichnungen der VES-M im Raw Meiningen erfolgte. Es war der letzte Neubau eines Vierzylinder-Verbund-Triebwerkes in Deutschland.

Die Rekonstruktion war 1964 (19 015) bzw. 1965 beendet. 1967 sind die Loks auf Ölhauptfeuerung umgebaut worden. Sie stellten sowohl im Bremslokeinsatz als auch im Reisezugdienst beim Bw Halle P ihre Leistungsfähigkeit und ihre Überlegenheit gegenüber der Ursprungsausführung unter Beweis. Im Mai 1976 wurde die 19 022, im November des gleichen Jahres dann die 19 015 ausgemustert.

Bauart	1'D1'h4v
Treib- und Kuppelraddurchmesser	1.905 mm
Höchstgeschwindigkeit	120 km/h
Zylinderdurchmesser	2 x 480 / 720 mm
Kolbenhub	630 mm
Kesselüberdruck	16 bar
Länge über Puffer mit Tender	24.210 mm
2'3T38	
Wasservorrat	38 m³
Ölvorrat	13,5 m³
Dienstmasse (o. Tender)	107,7 t
Reibungsmasse	74,1 t
Indizierte Leistung	k.A.

Baureihe V 180^1

Stärkere Motoren

V 180 101-182 (ab 1970: 118.1, ab 1992: 228.1)

Baujahre 1964–1967

In der Baureihe V 180^0 hatte der Dieselmotor 12 KVD 18/21 A-1 (662 kW bei 1500 min^{-1}) aus dem VEB Kühlautomat Berlin-Johannisthal seine Bahnfestigkeit bewiesen und konnte durch Weiterentwicklung zur Bauform A-2 und später A-3 auf eine Leistung von 736 kW bei 1500 min^{-1} gesteigert werden. 1964 begann der Einbau dieser Motoren in die ab 1965 an die Deutsche Reichsbahn abgelieferten weiteren 82 Serienloks, die als Baureihe V 180^1 (später 118.1) gekennzeichnet wurden. Die höhere Leistung und Zugkraft dieser Lokomotiven wurden im Einsatz so gut bewertet, dass man sich 1973 zur Umrüstung der 118.0 durch Einbau der leistungsstärkeren Motoren und angepasster Leistungsübertragungen, aber auch anderer moderner Baugruppen und Bauteile im Rahmen planmäßiger Instandsetzungen entschloss.

Mehrere Lokomotiven erhielten vorübergehend versuchsweise Stirnpartien aus glasfaserverstärktem Kunststoff, eine von ihnen, die V 180 117 (wie zuvor bereits die V 180 059 und später die V 180 203) so genannte Vollsichtkanzeln mit blendfreien, schräg nach vorn geneigten Frontscheiben.

Während die V 180^0 über vier Seitenfenster auf jeder Seite verfügten, hatten alle anderen Maschinen der V-180-Familie nur zwei Seitenfenster und zwei zusätzliche Lüftergitter.

In den ersten etwa 200 Lokomotiven wurden zunächst importierte Voith-Strömungsgetriebe L 306 rb verwendet. In den weiteren Loks und als Tauschgetriebe standen die Aggregate des Werkes Strömungsmaschinen Dresden (GRS 30/5,7) zur Verfügung. Beide Strömungsgetriebe haben einen Anfahr- und zwei Marschwandler und eine im Abtriebsstrang angeordnete Wendeschaltung. Die weitere Leistungsübertragung erfolgt über Gelenkwellen auf die Radsatzantriebe. Beim Einbau leistungsgesteigerter Dieselmotoren erfolgte jeweils auch die Angleichung der Leistungsübertragung.

Bauart	B'B' dh
Motoren	2 x KA Johannisthal 12 KVD 18/21 A-2 bzw. A-3
Zahl der Zylinder pro Motor	12
Höchstgeschwindigkeit	120 km/h
Heizung	Dampf
Länge über Puffer	19.460 mm
Dienstmasse	78 t
Achsfahrmasse	19,9 t
Leistung	2 x 736 kW

Baureihe E 251

Für die Rübelandbahn

E 251 001-015 (ab 1970: 251.0; ab 1992: 172.0)
Baujahre 1964–1965

Die 23 Kilometer lange Strecke Blankenburg (Harz) – Königshütte (Harz) weist auf mehreren Abschnitten Steigungen bis etwa 63 Promille auf. Die stark angestiegenen Beförderungsleistungen (vorrangig Kalktransporte aus dem Harz für die mitteldeutsche Chemieindustrie) veranlassten die DR, nach einer Vergrößerung der Durchlassfähigkeit der eingleisigen Strecke zu suchen. Sie war nur mittels Streckenelektrifizierung zu erreichen. Eine eigene Bahnstromversorgung für das übliche System 15 kV, 16 2/3 Hz wäre aber für die weitab jeder elektrifizierten DR-Strecke in Insellage gelegene Bahn zu aufwendig geworden.

Der VEB Lokomotivbau-Elektrotechnische Werke Hennigsdorf entwickelte auf eigenes Risiko zwei sechsachsige 50-Hz-Versuchslokomotiven (LEW I und LEW II), die 1961 auf der Versuchsstrecke Hennigsdorf – Wustermark erprobt wurden.

Aufgrund der positiven Versuchsergebnisse und im Hinblick auf die Insellage der so genannten „Rübelandbahn" entschied sich die DR für das Stromsystem 50 Hz, 25 kV – die Energie konnte also aus dem gewöhnlichen Landesnetz bezogen werden. Im März 1963 begannen die Elektrifizierungsarbeiten. Parallel dazu lieferten die LEW Hennigsdorf 1964/1965 dann 15 elektrische Co'Co'-Lokomotiven der Baureihe E 251.

Der Oberrahmen mit Wagenkasten und Führerhäusern ist als Schweißkonstruktion ausgeführt. Er besteht aus zwei durchlaufenden U-förmigen Längsträgern, die den Transformatorträger und die beiden Drehzapfenträger aufnehmen sowie durch mehrere Hilfsträger für die größeren Geräte verbunden sind. Die stirnseitigen Querträger sind herabgezogen und nehmen die Zug- und Stoßeinrichtungen sowie den Schneepflug auf. Die Abstützung auf die Drehgestelle besorgen je vier Schraubenfedern. Das Laufwerk der Lok besteht aus zwei dreiachsigen Triebdrehgestellen. Die Abfederung der Radsätze erfolgt durch Blattfedern und Gummielemente. Der Tatzantrieb

wirkt beidseitig über schrägverzahnte Zahnräder auf die Achsen. Die elektrische Ausrüstung der Lokomotiven ist konventionell. Die Fahrleitungsspannung gelangt über Scherenstromabnehmer, Dachtrennschalter, Druckluftschnellschalter, Durchführungsstromwandler zum Haupttransformator, einen Öltransformator mit Zwangsölumlauf und Fremdlüftung. Das Hochspannungsschaltwerk mit 34 Stufenwählern und drei Lastschaltern gestattet 34 Dauerfahrstufen. Die Übertragungssteuerung ist als Auf-Ab-Steuerung ausgeführt. Zwei Silizium-Gleichrichter in Brückenschaltung speisen die sechs Wellenstrom-Reihenschlussmotoren in Tatzlagerbauart mit Fremdbelüftung. Die Loks besitzen elektrische Widerstandsbremsen.

1970 wurden den Rübelandloks die Nummern 251 001–015 zugewiesen, das gemeinsame Nummernsystem der DB bescherte ihnen 1992 die Reihenbezeichnung 171. Sie sind in Blankenburg (Harz) beheimatet.

Bauart	Co'Co'
Stromsystem	25 kV, 50 Hz
Raddurchmesser	1.350 mm
Höchstgeschwindigkeit	80 km/h
Antrieb	Tatzantrieb
Heizung	elektrisch
Länge über Puffer	18.640 mm
Dienstmasse	124 t
Achsfahrmasse	20,8 t
Stundenleistung	3.660 kW
Geschwindigkeit bei Stundenleistung	41 km/h

Baureihe VT 2.09.01

VT 2.09.101-116 mit VS 2.08.101-116 (ab 1992 772 mit 972) • Baujahre 1964–1965

1964 stellte der VEB Waggonbau Bautzen neben der laufenden Triebwagen-Serie mit VT 2.09.101-102 und VS 2.07.101-102 zwei Mustereinheiten fertig, bei denen der Beiwagen als Steuerwagen diente. Bereits 1965 folgten 14 entsprechende Serien-Züge. Die Triebwagen der Reihe VT 2.09.1 entsprachen in der Gestaltung und Ausstattung denen der Reihe VT 2.09.0. Wichtigster Unterschied war die Mehrfachsteuerung der VT 2.09.1. Es war die logische Folge dieser Verbesserung, die Beiwagen als Steuerwagen auszuführen. Das Anlassen des Dieselmotors war aber nach wie vor nur vom Triebwagen aus möglich. Viele Einheiten dieser Bauart sind Anfang der 90er Jahre in das LVT-Modernisierungsprogramm der Deutschen Reichsbahn (teilweise Neumotorisierung, Neugestaltung der Innenräume, Nahverkehrs-Farbgebung nach DB-Schema) einbezogen worden.

Bauart (VT/VS)	1A / 2
Motoren	1 x Elbewerk Roßlau 6 KVD 18 S/HRW
Zahl der Zylinder pro Motor	6
Höchstgeschwindigkeit	90 km/h
Heizung	Frischluft
Länge über Kupplung (VT)	13.180 mm
Dienstmasse (VT)	19,3 t
Sitzplätze 1. Kl. (VT/VB)	–
Sitzplätze 2. Kl. (VT/VB)	54/45
Leistung	132 kW

VT 4.12.01

Der große Schienenbus

(ab 1970: 173 001)

Baujahr 1964

Bereits während der Serienfertigung der zweiachsigen Leichttriebwagen (LVT) der Baureihe VT 2.09 (BR 171) zwischen 1962 und 1963 gab es vor allem von Seiten ausländischer Bahnverwaltungen Interesse an einem vierachsigen LVT. Unter Verwendung bereits bewährter Bauteile schuf die Schienenfahrzeugindustrie in nur einem Jahr das Baumuster VT 4.12.01. Ein Jahr später erschien das zweite Baumuster, VT 4.12.02, das hinsichtlich seiner Formgebung und des Fahrkomforts wesentlich verbessert worden war.

Wagenkästen und Untergestelle waren selbsttragende Schweißkonstruktionen. Beide Triebwagen besaßen selbsttätige Scharfenberg-Kupplungen. Das Laufwerk bestand aus insgesamt zwei zweiachsigen Drehgestellen mit einem Achsstand von je 2.500 mm. Die gesamte Antriebsanlage war außerhalb des Wagenkastens angeordnet und mit Hilfe von Gummi-Metall-Elementen befestigt. Zur Leistungsübertragung dienten jeweils eine hydraulische Strömungskupplung und ein mechanisches Zahnradgetriebe. Die Leistungssteuerung war eine Vielfachsteuerung, da Bei- und Steuerwagen aber niemals gebaut wurden, war das praktisch bedeutungslos. Die Bremsausrüstung bestand aus einer mehrlösigen Scheibenbremse der Bauart KE. Die Nachrüstung mit einer Magnetschienenbremse war möglich.

Die Wagenaufteilung folgte den Anforderungen des Nah- und Mittelstreckenverkehrs auf Haupt- und Nebenbahnen: Auf den Führerstand folgten ein Großraum 2. Klasse mit drei Abteilen und Mittelgang, der Einstiegsraum, ein Großraum 2. Klasse mit viereinhalb Abteilen, der zweite Einstiegsraum, ein weiterer Großraum 2. Klasse und der zweite Führerstand. Die Farbgebung wich von der bei den VT der DR sonst üblichen ab. Der Wagenkasten war im Grundton beige, unterhalb des Daches und des Fensterbandes befand sich je ein umlaufender orangefarbener schmaler Streifen. Die Seitenflächen unterhalb der Fensterbänder waren orange, verjüngten sich nach den Stirnseiten zu bogenförmig nach oben und gingen in schmale Streifen über, die an den Stirnseiten in Lätzchen ausliefen.

Der Triebwagen ist Anfang der siebziger Jahre abgestellt und im Oktober 1975 ausgemustert worden.

Bauart	(1A)'(A1)' dm
Motoren	2 x Elbewerk Roßlau 6 KVD18 S/HRW
Zahl der Zylinder pro Motor	6
Höchstgeschwindigkeit	120 km/h
Heizung	Frischluft/Warmwasser-Ölheizung
Länge über Kupplung	24.500 mm
Dienstmasse	43,5 t
größte Achsfahrmasse	14,5 t
Sitzplätze 1. Kl.	–
Sitzplätze 2. Kl.	84
Leistung	2 x 147 kW

VT 4.12.02

Noch ein Einzelgänger

(ab 1970: 173 002)

Baujahr 1965

Das zweite Baumuster des vierachsigen Schienenbusses unterschied sich vom ersten durch eine verstärkte Antriebsanlage, eine ambitionierte Form- und Farbgebung (Schürze dunkelblau, Wagenkasten im Fensterbereich elfenbeinfarben und darunter blau sowie vier umlaufende schwarze Streifen) und anders aufgeteilte Innenräume: Beim VT 4.12.02 folgte auf den Führerstand ein Großraum 1. Klasse mit 3 Sitzreihen in der Anordnung 1+2 mit Mittelgang. Die Sitze waren drehbar, so dass man stets in Fahrtrichtung sitzen konnte. Danach kamen ein Einstiegsraum, ein Großraum 2. Klasse, der zweite Einstiegsraum, ein Großraum 2. Klasse mit drei Abteilen und der zweite Führerstand. Die zweiflügeligen Drehfalttüren waren über Trittstufen zugänglich und konnten von den Führerständen elektropneumatisch geschlossen werden.

Beide vierachsige VT wurden nach ihrer Ablieferung durch den VEB Waggonbau Bautzen der Reichsbahndirektion Cottbus zugewiesen. Zunächst mussten sie eine Reihe von Probefahrten und anschließend Messfahrten bei der Versuchs- und Entwicklungsstelle für die Maschinenwirtschaft (VES-M) in Halle (Saale) durchführen. So war der VT 4.12.02 auf den Strecken zwischen Bautzen und Bad Schandau, Bad Schandau und Heidenau, Bautzen und Löbau sowie Bautzen und Dresden im Versuchseinsatz.

Wegen Störungen an einzelnen Baugruppen mussten die VT des Öfteren außer Betrieb gesetzt werden. Obwohl ursprünglich für die Strecken der Rbd Dresden und Rbd Erfurt ab 1968 sowie der Rbd Berlin und Rbd Magdeburg ab 1969 der Einsatz von Serienfahrzeugen vorgesehen war, vergab die DR keinen entsprechenden Auftrag. Einerseits wurden dreiteilige Triebzüge für zweckmäßiger gehalten (ein Ziel, das auch mit Fahrzeugen der BR VT 4.12 und dazugehörigen Bei- und Steuerwagen mit Übergängen hätte erreicht werden können), andererseits spielten natürlich die beschränkten Kapazitäten des exportorientierten DDR-Schienenfahrzeugbaus eine entscheidende Rolle.

1970 erhielten beide VT noch die EDV-gerechten Bezeichnungen 173 001 und 173 002. Der 173 002 kam 1972 zur Einsatzstelle Luckau des Bahnbetriebswerkes Cottbus und fuhr dort zusammen mit dem Altbau-Beiwagen 197 821 (ex VB 147 081). Nach einem Unfall am 11. Mai 1973 ließ ihn die DR im Herstellerwerk noch einmal instandsetzen. 1978 wurde der Triebwagen ausgemustert.

Bauart	(1A)'(A1)'dm
Motoren	2 x Elbewerk Roßlau 6 KVD18/1 S/HRW
Zahl der Zylinder pro Motor	6
Höchstgeschwindigkeit	125 km/h
Heizung	Frischluft/Warmwasser-Ölheizung
Länge über Kupplung	24.700 mm
Dienstmasse	46,0 t
größte Achsfahrmasse	14,6 t
Sitzplätze 1. Kl.	9
Sitzplätze 2. Kl.	56
Leistung	2 x 162 kW

ET 25 201

Der Ost-„Eierkopf"

ET 25 201a/b mit EM 25 201c/d (ab 1970: 285 201-203 mit 202-204) • Umbau 1965

In die Baureihe ET 25 waren von den deutschen Bahnen der Vor- und Nachkriegszeit recht unterschiedliche Fahrzeuge eingeordnet.
Für den Schnell- und Eilzugdienst beschaffte die DRG von 1935 bis 1937 zweiteilige Triebzüge mit den Bezeichnungen „elT 1801 – elT 1838" und „elT 1849". Die Züge erhielten 1940 die Nummern ET 25 001a/b – ET 25 028a/b bzw., sofern sie nur die 3. Klasse führten, die Nummern ET 25 101a/b – ET 25 111a/b. 1939 kamen die „elT 1731 – elT 1734" für den Nahverkehr hinzu, ab 1940 als ET 55 01a/b – ET 55 04a/b geführt. Zur Verstärkung für beide Baureihen dienten die Steuerwagen „elS 2401 – elS 2456", spätere ES 25.
Der bei der Deutschen Reichsbahn verbliebene ET 25 012a/b und der Steuerwagen ES 25 008 wurden 1959 ähnlich wie bei der DB in einen dreiteiligen Triebzug ET 25 012a/b/EM 25 012 umgebaut, allerdings blieben hier die runden Stirnfronten erhalten. Seit 1970 mit den Betriebsnummern 285 001 – 285 003 bezeichnet, verkehrte der Zug vom Bw Leipzig Hbf West bis 1972 in einem Plan mit dem ET 25 201 in Richtung Erfurt, Magdeburg und Zwickau.
Aus den nach dem Zweiten Weltkrieg im Bereich der DR stehen gebliebenen, zerstörten niederländischen Triebwagen ET 628, ET 615, EM 628 und EM 602 baute die DR 1965 unter Verwendung der elektrischen Ausrüstung ausgemusterter ET 25 einen zunächst drei-, dann vierteiligen Triebzug ET 25 201a-d, bestehend aus zwei Trieb- und zwei Mittelwagen, auf, dessen runde Kopfform an die „DB-Eierkopf-Triebwagen" der fünfziger Jahre erinnerte. Zusammen mit dem ET 25 012 war er beim Bw Leipzig Hbf West beheimatet und bei der Umzeichnung 1970 in 285 201 – 285 203 wieder dreiteilig. 1971 wurde der Triebzug ausgemustert.

Bauart	Bo'2'+2'2'+2'2'+ 2'Bo'
Raddurchmesser	950 mm
Höchstgeschwindigkeit	120 km/h
Heizung	elektrisch
Länge über Kupplung	94.830 mm
Dienstmasse	189,1 t
Sitzplätze 1. Kl.	22
Sitzplätze 2. Kl.	225
Sitzplätze Speiseraum	–
Stundenleistung	920 kW
Geschwindigkeit bei Stundenleistung	88 km/h

Baureihe V 100

Mädchen für alles

V 100 003-173, V 100 201, 110 202-896 (ab 1970
110.0-1, 110.2-8; ab 1992: 201) • Baujahre 1966–19

Als entschieden war, dass die Serienfertigung der V 100 nicht in Babelsberg, sondern in Hennigsdorf stattfinden würde, forderte die DR von den LEW ein drittes Baumuster, die V 100 003, an. Im Januar 1967 bekam sie mit V 100 004 die erste Serienlokomotive. Nahezu 900 Lokomotiven des ab 1970 als BR 110 geführten Typs verließen bis 1978 die Hennigsdorfer Werkhallen. Selbstverständlich nahmen Hersteller und Betreiber in den zwölf Jahren der Beschaffung konstruktive Veränderungen vor. Deren markanteste war der Entfall des Stufengetriebes, das die Wahl zwischen Schnellgang und Langsamgang ermöglicht. Ein solches besaßen die Maschinen bis zur Ordnungsnummer 171; 172 bis 200 wurden nicht besetzt, und die Lokomotiven ab Ordnungsnummer 201 erhielten kein Stufengetriebe.

Der geschweißte Hauptrahmen ist aus zwei kastenförmigen Längs- und mehreren Querträgern zusammengesetzt. Auf ihm ruhen das über die gesamte Rahmenbreite reichende Führerhaus und die beiden schmaleren, als nichttragende Leichtbauhauben ausgeführten Vorbauten. Im vorderen Vorbau sind die Kühleranlage, der Dieselmotor und ein Kesselspeisewasserbehälter untergebracht. Im hinteren, etwas kürzeren Vorbau befinden sich die Lichtanlassmaschine und der Lüftergenerator, die Druckluftbehälter und die Batterien, ein weiterer Kesselspeisewasserbehälter sowie der Heizkessel. Das Strömungsgetriebe und zwei elektrisch angetriebene Luftverdichter ruhen unter dem hochgesetzten

Führerhausboden. Die Kraftstoffbehälter sind zwischen den Drehgestellen unter dem Hauptrahmen angebracht.
Die Drehgestellrahmen bestehen aus kastenförmigen Längsträgern, die durch drei Querträger verbunden sind. In die jeweils mittleren Querträger sind die Drehzapfenlager integriert. Der Lokomotivrahmen stützt sich jeweils über je zwei Schraubenfedernpaare und im Ölbad laufende Stahl-Hartgewebe-Gleitpaarungen auf die Drehgestellrahmen ab, welche sich ihrerseits über acht Schub-Druck-Gummiachsfedern auf die Radsatzlagergehäuse stützen. Die Lokomotiven verfügen über aufgeladene Zwölfzylinder-Dieselmotoren 12 KVD 18/21 (Bauform A-2 und A-3). Über eine Gelenkwelle ist der Dieselmotor mit dem Dreiwandler-Strömungsgetriebe verbunden. Wende- und Stufengetriebe (letzteres nur bei V 100^{0-1}) sind im Strömungsgetriebe integriert.
Im Führerhaus ist für jede Fahrtrichtung ein Führerpult angeordnet. Der Dieselmotor wird über einen elektrischen Stellmotor in sechs Fahrstufen geschaltet. Das Wendegetriebe wird elektropneumatisch, das Stufengetriebe – soweit vorhanden – mechanisch geschaltet. Für die Fahrt in Doppeltraktion oder mit Wendezügen sind die entsprechenden Einrichtungen vorhanden.

Bauart	B'B' dh
Motoren	1 x KA Johannisthal 12 KVD 18/21 A-2 oder A-3
Zahl der Zylinder pro Motor	12
Höchstgeschwindigkeit	65 km/h (Rangiergang V 100^{0-1}); 100 km/h (ab 110 201 bzw. Streckengang V 100^{0-1})
Heizung	keine
Länge über Puffer	13.940 mm
Dienstmasse	64 t
Achsfahrmasse	16 t
Leistung	736 kW

Baureihe V 200

Die „Taigatrommel"

V 200 001-314, 120 315-378

Baujahre 1966–1975

Die ursprünglich geplante Weiterentwicklung der V 180 zur V 240 und eventuell sogar zur V 300 wurde nicht realisiert. Dafür gab es mehrere Gründe: Im Wirtschaftsgebiet des Ostblocks waren „Produktionsabstimmungen" durchgeführt worden, die den Bau von Großdiesellokomotiven in der DDR nicht mehr vorsahen. Der Lokomotivbau in Babelsberg wurde zum Hersteller von Klimaanlagen und wenig später von Autokranen „umprofiliert". Außerdem war abzusehen, dass es große Probleme geben würde, den Dieselmotor 12 KVD 21 serienmäßig auf die dafür notwendige Leistung zu bringen und damit eine ausreichende Bahnfestigkeit zu erreichen. Und schließlich war zu berücksichtigen, dass der neu beschaffte Reisezugwagenpark mit elektrischen Heizungen ausgerüstet wurde und die Großdiesellokomotiven entsprechende Einrichtungen haben mussten.

Anfang der sechziger Jahre hatte man in der Sowjetunion begonnen, eine speziell für den Export gedachte Co´Co´-Güterzuglokomotive mit elektrischer Leistungsübertragung zu entwickeln. Diese M 62 konnte in Breit- und Normalspur geliefert werden und hatte das mitteleuropäische Fahrzeugbegrenzungsprofil. Da die DR dringend Lokomotiven für den schweren Güterzugeinsatz benötigte, wurde ihre Beschaffung vorgesehen. Ende 1966 standen auch der DR zwei Vorauslokomotiven mit den Betriebsnummern V 200 001 und 002 zur Erprobung zur Verfügung. Die ersten 88 Serienlokomotiven der V 200 (ab 1970: BR 120; ab 1992: BR 220) folgten bis Ende 1967, weitere 288 Loks bis 1975.

Der Rahmen aus Stahlprofilen mit starken Querträgern und die Aufbauten aus gekanteten Profilen und teilweise gesickten Beplankungsblechen waren miteinander verschweißt. Die Drehgestelle sind von der russischen Diesellokomotive TE 3 übernommen worden. Ihre Rahmen waren geschweißt und wurden in Drehzapfen geführt.

Der Dieselmotor 14 D 40, ein Zwölfzylinder-Zweitakt-V-Dieselmotor mit Abgasturboaufladung und zusätzlichem Rootsgebläse, leistete 1470 kW bei 750 U/min. Mit dem Gleichstrom-Hauptgenerator (1254 kW) war er auf einem gemeinsamen Tragrahmen befestigt. Die sechs parallel geschalteten Tatzlagerfahrmotoren trieben die Radsätze einseitig über gekapselte Zahnradgetriebe an.

(ab 1970: 120; ab 1992: 220)

Die Baureihe V 200 besaß keine Zugheizeinrichtungen.
Die Lokomotiven waren einserseits sehr robust, brachten andererseits mit Motorschäden und Kühlproblemen aber auch viel Ärger. Im Laufe ihrer Einsatzzeit bei der DR wurden zahlreiche Veränderungen vorgenommen, die die Zuverlässigkeit erhöhten, aber vor allem dem Personal die Arbeit erleichterten, beispielsweise erhielten die Loks Abgasanlagen, Führerstandheizung. Den letzten Einsatz hatte die Baureihe 220 im Dezember 1994.

Bauart	Co'Co' de
Motoren	1 x 14 D 40
Zahl der Zylinder pro Motor	12
Höchstgeschwindigkeit	100 km/h
Heizung	keine
Länge über Puffer	17.550 mm
Dienstmasse	116 t
Achsfahrmasse	19 t
Leistung	1.470 kW

Baureihe V 180$^{2-4}$

Die sechsachsige Variante

V 180 201-393, 118 394-406 (ab 1970: 118.2-4; ab 1992: 228.2-4) • Baujahre 1964–1970

Bereits während des Entwurfes der V 180 war zu erkennen, dass die Dienstmasse bei der Achsfolge B´B´ eine Achslast von über 19 t ergeben würde. Das entsprach dem geplanten Einsatz auf Hauptbahnen. Zwar konnten die neuen Maschinen die Dampflokomotiven im mittelschweren Reise- und Güterzugdienst vollwertig ersetzen, mit ihrer Achsfahrmasse von nahezu 20 Tonnen waren sie aber für viele Strecken zu schwer. Um aber auch auf Nebenstrecken mit leichtem Oberbau die überalterten Dampflokomotiven abzulösen, wurde eine Lokomotivbauart mit der Achsfolge C´C´ und der Achslast von 15,75 bis 16 t gefordert. Die Reichsbahn gab beim VEB Lokomotivbau „Karl Marx" Babelsberg eine sechsachsige Variante der V 180 in Auftrag. Das erste Baumuster mit der Nummer V 180 201 erschien bereits 1964, die Serie wurde von 1966 bis 1970 ausgeliefert und endete – nach der Umzeichnung der V 180 in BR 118 – mit der 118 406.

Ein zweites Baumuster, die V 240 001, war 1965 fertig gestellt worden. Sie erhielt zwei Antriebsanlagen von je 1.200 PS (883 kW). Mit dieser Lokomotive wurden Erfahrungen für die Weiterentwicklung des Dieselmotors 12 KVD 18/21 und der Kraftübertragungsanlagen gesammelt, die später für die Leistungserweiterung der V 180$^{2-4}$ genutzt wurden. Erst 1971 wurde die Musterlokomotive nach Angleichung an die serienmäßige Ausführung der 118$^{2-4}$, jedoch weiterhin mit 883-kW-Aggregaten, von der Deutschen Reichsbahn übernommen. Sie erhielt die Nummer 118 202.

Im Gegensatz zur vierachsigen V 180 wurden die Zug- und Bremskräfte bei den sechsachsigen Maschinen über Drehzapfen mit Federbandanlenkung am Drehgestellrahmen übertragen. Die Radsatzlagergehäuse wurden mit verschleißfesten Manganstahlwangen in den Drehgestell-Längsträgern geführt. Die Primärfederung besorgten hier Blattfedern mit Gummielementen an den Enden, die Sekundärfederung übernahmen Kombinationen aus Blatt- und Schraubenfedern. Über Gelenkwellen trieben die Strömungsgetriebe die Radsatzgetriebe der ersten beiden Achsen eines jeden Drehgestells an; bei den sechsachsigen Loks bestand eine weitere Gelenkwellenverbindung vom mittleren Radsatzgetriebe zu dem der dritten Achse.

Die Lokomotiven sind später in großer Zahl mit 883-kW-Maschinen remotorisiert und als 118.6-8 eingeordnet worden.

Sie waren u.a. beheimatet bei den Bahnbetriebswerken Arnstadt, Aue (Sachs), Cottbus, Brandenburg, Chemnitz, Görlitz, Güstrow, Jüterbog, Kamenz, Leipzig Hbf Süd, Neustrelitz, Wismar, Wustermark und Zittau. Anfang der neunziger Jahre endeten die letzten Einsätze.

Bauart	C'C' dh
Motoren	2 x KA Johannisthal 12 KVD 18/ 21 A-2 bzw. A-3
Zahl der Zylinder pro Motor	12
Höchstgeschwindigkeit	120 km/h
Heizung	Dampf
Länge über Puffer	19.460 mm
Dienstmasse	90 t
Achsfahrmasse	15 t
Leistung	2 x 736 kW

E 211 001

50-Hertz-Versuchsträger

Erprobungsmuster, von der DR nicht abgenommen

Baujahr 1967

In den frühen Jahren des elektrischen Zugbetriebs war es zunächst nicht möglich, die Frequenz der Landesenergieversorgung (50 Hz) zur direkten Speisung von Wechselstrom-Kommutatormotoren zu nutzen, so dass zunächst nur niedrigere Frequenzen in Frage kamen. Darum einigte man sich 1912 auf das in Deutschland noch heute gebräuchliche Einphasen-Wechselstromsystem 16 2/3 Hz, 15 kV. Dennoch verloren die Ingenieure die Nutzung der Landesfrequenz nicht aus den Augen. In anderen Ländern Europas, besonders in Ungarn, gingen die Versuche weiter, und Ende der zwanziger Jahre waren die technischen Voraussetzungen gegeben, die Entwicklung und den Probebetrieb von 50-Hz-Lokomotiven auch in Deutschland zu betreiben. Die DRG wählte 1932 als Versuchsstrecke eine schwierige Gebirgsstrecke im Schwarzwald aus, die „Höllentalbahn" Freiburg – Neustadt mit der abzweigenden „Dreiseenbahn" Titisee – Seebrugg. In Anlehnung an die soeben in Serie gegangene E 44 gab man im Mai 1933 drei Lokomotiven, wenig später eine vierte, mit der Baureihenbezeichnung E 244 in Auftrag.

In den sechziger Jahren elektrifizierte die Deutsche Reichsbahn die „Rübelandbahn" Blankenburg – Königshütte im Harz ebenfalls mit 50 Hz. Die Kriterien für diese Entscheidung ähnelten denen bei der Höllentalbahn: die Lage abseits vom 16 2/3-Hz-Netz, starkes Verkehrsaufkommen und extreme topographische Bedingungen und damit im kleinen Inselbetrieb stärkste Beanspruchung der Lokomotiven. Hierfür baute LEW Hennigsdorf 15 Maschinen der Reihe E 251.

Als Referenzobjekt für potenzielle ausländische Kunden und die Deutsche Reichsbahn sowie als Versuchsträger stellte LEW Hennigsdorf 1967 eine weitere 50-Hz-Lok mit der Nummer E 211 001 fertig. Sie wurde weder von der Deutschen Reichsbahn übernommen noch fand sie einen Abnehmer im Ausland.

Über mehrere Jahre hinweg diente sie der Erprobung neuer Baugruppen, die später mit den Reihen 250 und 243 in Serie gingen. Darunter war das Hochspannungsschaltwerk für die 250 mit Thyristorlastschaltern. Dazu war die Lokomotive immer wieder auf der Rübelandbahn eingesetzt. Mitte der siebziger Jahre ist das Fahrzeug von LEW verschrottet worden.

Bauart	Bo'Bo'
Stromsystem	25 kV, 50 Hz
Raddurchmesser	1.250 mm
Höchstgeschwindigkeit	160 km/h
Antrieb	Tatzantrieb
Heizung	elektrisch
Länge über Puffer	16.106 mm
Dienstmasse	80 t
Achsfahrmasse	20 t
Stundenleistung	3.360 kW
Geschwindigkeit bei Stundenleistung	80 km/h

Baureihe V 23⁰

Mehr Leistung

V 23 001-080, 102 081 (ab 1970: 102.0; ab 1992: 312.0)

Baujahre 1967–1969

Mit der neu entwickelten Dieselmotorenbaureihe 6 VD 18/15-1 SRW, die als Saugmotor, mit Aufladung und mit Hochaufladung ein breites Leistungsspektrum abdeckte, stand LKM Babelsberg Ende der sechziger Jahre ein neuer Motorentyp für Kleinlokomotiven zur Verfügung. Als Saugmotor entwickelte der neue 6 VD eine Leistung von 162 kW bei 1.510 U/min. Babelsberg bot seinen Industriekunden eine auf der Basis der V 15 entwickelte, leistungsgesteigerte Lokomotive mit der Werksbezeichnung V 22B an, die die guten Gebrauchswerteigenschaften der V 15 mit einer höheren Traktionsleistung verband.

Weil LKM die Herstellung der V 15 einstellte, die Deutsche Reichsbahn aber weiteren Bedarf an leichten Rangier-Diesellokomotiven hatte, zeigte die Bahn Interesse an dieser Lokomotive. LKM baute den neuen Motor und das neue, dreistufige Strömungsgetriebe GSU 21/4,5 (für die Serienfertigung nicht übernommen) in die V 15 2210 ein und überließ diese der DR zur leistungstechnischen Untersuchung und Betriebserprobung. Nach Auswertung der Versuchsergebnisse begann Ende 1967 bei LKM die Serienfertigung für Industrie- und Anschlussbahnen.

Die Deutsche Reichsbahn erhielt am 30. März 1968 die als V 23 001 bezeichnete Baumusterlokomotive, der 1968 und 1969 die V 23 002-080 folgten. Ab Juli 1970 galt der EDV-Nummernplan, der für die V 23 die Baureihenbezeichnung 102.0 vorsah. So ist eine 1970 angekaufte Industrielokomotive gleicher Bauart als 102 081 eingeordnet worden. Äußerlich gab es fast keinen Unterschied zur BR 101; Achsstand, Länge über Puffer und Höhe der Dachkante über Schienenoberkante stimmten überein. Lediglich die seitlichen Schürzen, zugleich Versteifung der Rahmenabdeckplatte, wiesen einen minimalen Unterschied auf: bei der BR 101 liefen sie glatt durch, bei der BR 102.0 waren sie unterhalb des Führerhauses etwas breiter.

Der 6 VD 18/15-1 ist ein wassergekühlter Sechszylinder-Viertakt-Reihenmotor (Hub 180 mm, Bohrung 150 mm) mit Verstellregler, der nach dem Vorkammerbrennverfahren arbeitet. Die Lokomotiven besitzen das Zweiwandler-Strömungsgetriebe GSU 20/4,5.

Bauart	B dh
Motoren	1 x Elbewerk Roßlau 6 VD 18/15-1 SRW
Zahl der Zylinder pro Motor	6
Höchstgeschwindigkeit	19,2 km/h (Rangiergang); 40 km/h (Streckengang)
Heizung	–
Länge über Puffer	6.940 mm
Dienstmasse	23 t
Achsfahrmasse	11,5 t
Leistung	162 kW

Baureihe ORT 137^7

ORT 137 710-715

(ab 1970: 188.2; ab 1992: 708.2)

Baujahr 1968

Mit der Ausdehnung des elektrifizierten Streckennetzes der Deutschen Reichsbahn in den sechziger Jahren reichten die zweiachsigen Oberleitungs-Revisionstriebwagen der Reihe ORT 135^7 nicht mehr aus. Deren Nachbau kam jedoch nicht in Frage. Die Fahrleitungsmeistereien brauchten größere, vierachsige Fahrzeuge. Ende 1968 lieferte der VEB Waggonbau Görlitz den ersten Triebwagen der neuen Baureihe ORT 137 (ab 1. Juli 1970: 188 200 bis 205).

Der aus Stahlblech bestehende Wagenkasten war eine geschweißte Stahlkonstruktion. Die seitlichen Dachteile wurden zum Tragen herangezogen; sie wurden deshalb verstärkt. Im Bereich der Hebebühne war das Dach abgesetzt, weil es die Tragekonstruktion der Hubvorrichtung mit aufnahm. Das Wageninnere war wie beim zweiachsigen ORT durch eine mittig angeordnete Doppelschiebetür zu betreten. Die Führerstände besaßen nach innen aufschlagende Drehtüren.

Der Rahmen war aus Blechen und Profilen zusammengeschweißt. Trieb- und Laufdrehgestell stimmten nahezu überein. Die Radsätze liefen in Rollenlagern. Die Radsatzfederung übernahmen Blattfedern, für die Wiegenfederung sorgten Schraubenfedern mit parallel geschalteten Reibungsstoßdämpfern. Die Treibachse konnte beidseitig gesandet werden. Jedes Rad war beidseitig klotzgebremst. Die Handbremsen wirkten jeweils nur auf ein Drehgestell.

Der Sechszylinder-Dieselmotor ist unterflur im Hauptrahmen angebracht gewesen; die Strömungskupplung und das Sechsgang-Elektroschaltgetriebe übertrugen das Drehmoment auf das Achswendegetriebe der innenliegenden Achse des Triebdrehgestells. Die Höchstgeschwindigkeit betrug einzeln fahrend 80 km/h und mit einer Anhängelast von 50 t noch 58 km/h in der Ebene. Als Arbeitsgeschwindigkeit waren 7,5 km/h möglich.

In das Dach war über dem Laufdrehgestell ein Beobachtungsdom integriert, ausgestattet mit zwei Klappsitzen, einem Schreibpult und einem höhenverstellbaren Drehstuhl. Die Arbeitsbühne konnte vom Dom aus betreten werden. Dazu musste zuvor der Stromabnehmer angelegt und die Fahrleitung geerdet worden sein. Die Bühne war um 2 x 90 Grad schwenkbar. Ihr hydraulischer Antrieb wurde vom Dom aus elektrisch gesteuert. Die Bühne konnte bis auf 5.720 mm über Schienenoberkante angehoben werden.

Auf den Führerstand 1 folgten der Aufenthaltsraum, die Toilette, der Werkstatt-raum und der Führerstand 2. Der Aufenthaltsraum war mit einem Tisch, sechs Stühlen, einer Sitzbank und mehreren Schränken ausgestattet. Im Werkstattraum befanden sich eine Werkbank, ein Werkzeugschrank sowie Material und Arbeitsgeräte. Die Arbeitsmaschinenanlage war unter dem Beobachtungsdom angeordnet.

Der Stromversorgung des ORT dienten ein eigenes Diesel-Generator-Aggregat (9,5 kW) sowie die gepufferte Batterie mit 260 Ah.

Die Triebwagen wurden in den neunziger Jahren ausgemustert.

Bauart	(1A)'2'
Motoren	1 x Elbewerk Roßlau 6 KVD 18 S/HRW
Zahl der Zylinder pro Motor	6
Höchstgeschwindigkeit	80 km/h
Heizung	Warmwasser
Länge über Puffer	19.300 mm
Dienstmasse	43 t
größte Achsfahrmasse	12 t
Leistung	132 kW

Baureihe VT 2.09.2

VT 2.09.201-273 mit VS 2.08.201-273

(ab 1970: 172.1 mit 172.7; ab 1992: 772.1 mit 972.7)
Baujahre 1968 –1969

Da es bei den LVT bereits in den ersten Jahren häufig zu Rahmenrissen kam, testete man bei VT 2.09.105 und 113 einen verstärkten Rahmen mit veränderter Lastaufnahme. Die VT 2.09.2 (jetzt BR 772.1) sind dann alle mit verstärkten Rahmen gebaut worden. Sie erhielten auch einen schwereren Dieselmotor (wie sein Vorgänger mit 180 PS), und ein überarbeitetes Schaltgetriebe.
Nachdem sich der Waggonbau Bautzen im Zuge der RGW-Planwirtschaft auf den Bau von Reisezugwagen spezialisiert hatte, kam die letzte LVT-Serie VT 2.09.201-273/VS 2.08.201–273 im Jahre 1969 aus dem VEB Waggonbau Görlitz.
Die Triebwagen befanden sich Ende der neunziger Jahre fast ausschließlich noch im Betriebsbestand der DB und waren in den Betriebshöfen Halberstadt, Leipzig Hbf Süd, Meiningen, Neuruppin, Neustrelitz, Nordhausen und Stendal beheimatet.

Bauart (VT/VS)	1A / 2
Motoren	1 x Elbewerk Roßlau 6 KVD 18-1 S/HRW
Zahl der Zylinder pro Motor	6
Höchstgeschwindigkeit	90 km/h
Heizung	Frischluft
Länge über Kupplung (VT)	13.180 mm
Dienstmasse (VT)	19,3 t
Sitzplätze 1. Kl. (VT/VB)	–
Sitzplätze 2. Kl. (VT/VB)	54/45
Leistung	132 kW

V 30 001c

Indonesierin im Harz

(ab 1970: 103 901; ab 1973: 199 301)

Baujahr 1966, Indienststellung 1969

Der Schienenfahrzeugbau zählte unbestritten zu den leistungsfähigsten Industriezweigen der DDR. Nicht selten bekam er recht große Aufträge aus dem Ausland. So erhielt LKM Babelsberg Mitte der sechziger jahre eine Bestellung von dreißig Lokomotiven für die Indonesischen Staatsbahnen. Der Kunde forderte u.a. dieselhydraulische Leistungsübertragung, Blindwellenantrieb mit Treibstangen, eine Radsatzfahrmasse von 10 Tonnen und einen kleinsten befahrbaren Bogenhalbmesser von 50 Metern. Mit 30 km/h Höchstgeschwindigkeit waren die Lokomotiven für den Rangierdienst bestimmt.

Die Musterlokomotive mit der werksinternen Bezeichnung V 30 C, 1966 fertig gestellt, ist für die Spurweite von 1000 Millimetern ausgelegt worden. Auf dem Streckennetz der Harzquerbahn, das topographisch den Bedingungen in Indonesien ähnelt und auch von der Spurweite her der indonesischen (1.067 Millimeter) nahe kam, begann ein umfangreiches Erprobungsprogramm, das sich auf Leistungs-, Schwingungs- und Geräuschmessungen sowie auf bremstechnische Untersuchungen erstreckte.

Ein Jahr darauf lieferte LKM die komplette Serie nach Indonesien.

Die Musterlokomotive blieb in der DDR. Die Deutsche Reichsbahn kaufte sie 1969 an und passte sie den Bedingungen der Harzquer- und Brockenbahn sowie den Erfordernissen der Tauschteilwirtschaft an. Sie wurde im Rangierdienst auf den Bahnhöfen Wernigerode und Nordhausen Nord sowie im Arbeitszugdienst auf dem gesamten Harzer Streckennetz eingesetzt.

1993 ging sie wie alle Betriebsmittel der Harzbahnen an die Harzer Schmalspurbahnen (HSB) über.

Bauart	C dh
Motoren	1 x Elbewerk Roßlau 6 VD 18
Zahl der Zylinder pro Motor	6
Höchstgeschwindigkeit	30 km/h
Heizung	–
Länge über Puffer	8.200 mm
Dienstmasse	30 t
Achsfahrmasse	10 t
Leistung	243 kW

Baureihe 03

Noch eine Rekolok?

(ab 1970: 03 2002-2298 [mit Lücken])

Umbau 1969–1975

Eine Rekonstruktion der Baureihe 03 war Anfang der sechziger Jahre zwischen der Hauptverwaltung Maschinenwirtschaft (HvM), der VES-M und den Reichsbahndirektionen lange erörtert und am Ende verworfen worden.

1968 kam von der Staats- und Parteiführung die Weisung, eine „strategische Dampflok-Reserve" anzulegen, die auch 45 Lokomotiven der BR 03 umfassen sollte, weil diese Maschinen mit 18 t Kuppelradsatzfahrmasse relativ freizügig einsetzbar waren. Die HvM entschied, diese 45 Loks mit Kesseln der Baureihe 22 (dem Ersatzkessel Typ 39 E) auszurüsten, um die inzwischen 30 bis 35 Jahre alten Lokomotiven zu modernisieren und für den geplanten Einsatzzweck zu rüsten.

Die Gelegenheit war günstig: 1968 war die Baureihe 22 auf dem Weg zum Abstellgleis, so dass die Reichsbahn auf nahezu neuwertige und von ihren Parametern her exzellente Rekokessel zurückgreifen konnte. Die Weiterverwendung dieser Kessel war eine wirtschaftlich sinnvolle Angelegenheit.

Im Januar 1969 verließen die 03 151 und die 03 081 als erste Reko-03 das Raw Meiningen und kamen zum Bw Berlin Ostbahnhof zur Betriebserprobung. Leider sind bei der VES-M Halle nur wenige Rekolokomotiven messtechnisch untersucht worden, weil man mit anderen Aufgaben ausgelastet war. So blieb auch für die Reko-03 nur die Betriebserprobung. Zwar mied die Hauptverwaltung der Maschinenwirtschaft das Wort Rekonstruktion, weil das Reko-Programm offiziell mit der Baureihe 52^{80} abgeschlossen worden war, und sprach nur von Neubekesselung. Wohl auch deshalb vermied man es, den umgebauten Lokomotiven eine neue Betriebsnummer zu geben. De facto war die „Neubekesselung" zweifelsfrei eine Rekonstruktion, die sich nicht nur auf die vorgegebenen 45 Lokomotiven, sondern auf insgesamt 52 erstreckte und von 1969 bis 1975 dauerte. Da begann aber der Bedarf an Lokomotiven der BR 03 schon drastisch zu sinken, so dass sich bei manchen Lokomotiven der Umbau nicht mehr amortisiert hat. Dort, wo die Reko 03 rechtzeitig eingesetzt worden ist, hat sie sich hervorragend bewährt und drang in den Leistungsbereich der BR 01 vor.

Bauart	2'C1'h2
Treibraddurchmesser	2.000 mm
Höchstgeschwindigkeit	130 km/h
Zylinderdurchmesser	570 mm
Kolbenhub	660 mm
Kesselüberdruck	16 bar
Länge über Puffer mit Tender 2'2'T34	23.905 mm
Wasservorrat	34 m^3
Kohlenvorrat	10 t
Dienstmasse (o. Tender)	101,4 t
Reibungsmasse	56,5 t
Indizierte Leistung	k.A.

Baureihe 102.1

Die „Gartenlaube"

102 101-257 (ab 1992: 312.1-2)

Baujahre 1970–1971

LKM Babelsberg lieferte ab 1970 eine auf Basis der Baureihe 102.0 weiter entwickelte Lokomotive mit dem 162-kW-Dieselmotor der BR 102.0, die in enger Zusammenarbeit zwischen Hersteller und DR entstanden war. Obwohl in der gleichen Leistungsklasse wie die 102.0 angesiedelt, war sie doch wesentlich universeller einsetzbar als die Vorgängerin. Die Lokomotive konnte wahlweise mit Sifa oder Rangierfunk ausgerüstet werden und war deshalb im Strecken-, Übergabe- und Rangierdienst verwendbar. Dieselmotor und Strömungsgetriebe stammten von der 102.0, bewährte Konstruktionselemente auch von der 101.1-3.

Die äußere Erscheinung war jedoch völlig neu,

Bauart	B dh
Motoren	1 x Elbewerk Roßlau 6 VD 18/ 15-1 SRW
Zahl der Zylinder pro Motor	6
Höchstgeschwindigkeit	16 km/h (Rangiergang); 40 km/h (Streckengang)
Heizung	–
Länge über Puffer	8.000 mm
Dienstmasse	24,3 t
Achsfahrmasse	12 t
Leistung	162 kW

wenngleich man das Prinzip des hinten angesetzten Führerhauses beibehalten hatte. Die weichen Konturen der BR 101 und 102.0 waren kantigen gewichen, das Führerhaus oberhalb der Seitenfenster nach innen abgewinkelt. Der Achsstand betrug jetzt 3.560 mm (bisher 2.500 mm), die Länge war auf 8.000 mm (bisher 6.940 mm) angewachsen. Beim Einsatz im Streckendienst war der größere Achsstand durchaus vorteilhaft für die Laufruhe.

Die orangegelbe Farbgebung und die kantige Erscheinung von Führerhaus und Vorbau trugen den Lokomotiven die Spitznamen „Briefkasten" oder „Gartenlaube" ein.

LKM Babelsberg hat 1970 die Lokomotiven 102 101–102 250 mit den Fabriknummern 265 001–265 150, 1971 die restlichen sieben mit den Betriebsnummern 102 251–257 und den Fabriknummern 265 151–265 157 geliefert. Im Nummernplan vom 1. Januar 1992 ist die BR 102.1 als BR 312.1 ausgewiesen worden. Von den 157 gebauten Lokomotiven waren bis auf die 102 108 (schon vor 1984 ausgemustert) alle im Umzeichnungsplan enthalten.

Der geschweißte Blech-Innenrahmen besteht aus 20 mm dicken Stahlblechen, in die vorn beiderseits bequeme Rangiertritte eingelassen sind. Auch am hinteren Fahrzeugende sind Rangiertritte mit einer Übergangsbühne vorgesehen.

Der Rahmen ist an den Stirnseiten zur Aufnahme der Zug- und Stoßvorrichtungen verstärkt und zum Einbau einer Mittelpufferkupplung vorbereitet; er ist wie bei der BR 101.1-3 mit Blattfedern in vier Punkten gegen die Radsätze abgestützt. Radsätze und Achslager sind gegenüber der BR BR 101.1-3 geringfügig verstärkt.

Die Aufbauten, Führerhaus und Vorbau, berühren sich nicht, sind aber durch eine Labyrinthdichtung verbunden. Das Führerhaus ist doppelwandig und damit schallisoliert ausgeführt. Der Zugang erfolgt durch eine Tür von der Übergangsbühne aus. Die gesamte Maschinenanlage ist im Vorbau untergebracht und vom Umlauf aus beidseits wartungsfreundlich durch drei zweiteilige Klapptüren zugänglich.

279 201

Bergbahn-Triebwagen

(ab 1992: 479 201)

Umbau 1970

Die nach dem Ersten Weltkrieg erbaute Oberweißbacher Bergbahn besteht nicht nur aus der Standseilbahn vom Bahnhof Obstfelderschmiede zum Bahnhof Lichtenhain an der Bergbahn. Dort schließt sich eine regelspurige Strecke nach Cursdorf an. Als die Bergbahn 1923 ihren Betrieb aufnahm, verfügte sie über einen zweiachsigen elektrischen Triebwagen, den späteren ET 188 531, und eine zweiachsige Dampflok, die spätere 98 6009, als Reservefahrzeug. So blieb es auch nach der 1949 erfolgten Übernahme durch die DR. Der Triebwagen ET 188 531 kam 1968 ins Raw Berlin-Schöneweide. Sein Zustand ließ nach 45 Betriebsjahren nur noch die Ausmusterung in Frage kommen, so dass praktisch ein vollkommen neues Fahrzeug aufgebaut wurde, das vom alten ET 188 531 nur mehr die Tragfedern und die Zughaken erhielt. Sowohl beim elektrischen als auch beim mechanischen Teil griff das Raw auf Bauelemente von Straßenbahn- und S-Bahn-Fahrzeugen zurück.

Die Stirnseiten des 1970 als 279 201 in Dienst gestellten Triebwagens wurden nach dem Vorbild der U-Bahn-Großprofilwagen der Bauart E III gestaltet. Mit der Erneuerung der Fahrleitungsanlage 1979 wurde der Stromabnehmer zur Dachmitte versetzt, 1981 folgte eine weitere grundlegende Modernisierung.

Die Fahrspannung von 600 V wird den Fahrmotoren über einen Straßenbahn-Fahrschalter und Vorwiderstände zugeführt. Der Fahrgastraum ist als Großraum mit Mittelgang gestaltet, von außen trittstufenlos über mittig angeordnete, druckluftbetätigte Doppelschiebetüren zugänglich.

Der Wagen ist auch heute noch beim Betriebshof Saalfeld, Einsatzstelle Lichtenhain an der Bergbahn, beheimatet.

Bauart	Bo
Raddurchmesser	900 mm
Höchstgeschwindigkeit	40 km/h
Heizung	elektrisch
Länge über Puffer	12.600 mm
Dienstmasse	15,3 t
Sitzplätze 1. Kl.	–
Sitzplätze 2. Kl.	24
Stromsystem	600 V =
Stundenleistung	120 kW

Baureihe V 300/130

Konstruktiv war die Baureihe 130 für 140 km/h Höchstgeschwindigkeit ausgelegt, im Regelbetrieb wurden aber stets nur 120 km/h gefahren.
Der Rahmen ist eine aus Blechen und Profilen bestehende Schweißkonstruktion, wobei die Längsträger als Kastenprofile ausgebildet sind. Zwischen den beiden Drehgestellen befinden sich der Kraftstoffbehälter und an dessen Längsseiten je drei Batteriekästen. Sie fungieren als mittragende Elemente des Rahmens. An den Stirnseiten sind Zug- und Stoßvorrichtungen nach UIC-Standard montiert.
Die beiden dreiachsigen Drehgestelle sind aus Kastenprofilen geschweißt. Ein jedes Drehgestell besteht aus zwei Rahmenwangen und drei Querträgern, der mittlere Querträger nimmt die seitenverschiebbaren Drehzapfenlager auf. Die Drehzapfen übertragen die Zug- und Bremskräfte von den Drehgestellen auf den Rahmen. Der Lokomotivkasten stützt sich mit vier Abstützrückstelleinrichtungen je Drehgestell auf die Drehgestellrahmen ab; zwischen den Drehgestellrahmen und jedem Radsatzlagergehäuse arbeiten zwei Schraubenfedern mit parallel geschaltetem Reibungsstoßdämpfer. Die einzeln angetriebenen Radsätze laufen seitenverschiebbar in außenliegenden Rollenlagern.
Zur Bremsausrüstung zählen die indirekt wirkende, selbsttätige, mehrlösige Druckluftbremse (Bauart KE) mit Selbstregler-Führerbremsventil, die nichtselbsttätige, direkt wirkende Druckluft-Zusatzbremse sowie zwei Handbremsen. Diese wirken jeweils nur auf die linken Radscheiben des 2. und des 3. Radsatzes. Mit den Druckluft-

Von 1970 an beschaffte die Deutsche Reichsbahn eine zweite Type dieselelektrischer Lokomotiven aus der Sowjetunion – hauptsächlich für den schweren Güterzugdienst, diesmal aber auch für den hochwertigen Reisezugdienst. Die neuen Lokomotiven sollten die Dampflok-Reihen 44 und 52 im Güterzugdienst sowie 01 und 03 im Schnellzugdienst gleichermaßen ersetzen können. Dazu bedurfte es der hohen Leistung von 3.000 PS und einer Zugheizeinrichtung.
Die Diesellokomotivfabrik „Oktoberrevolution" im ukrainischen Lugansk (1972 in Woroschilowgrad umbenannt) lieferte in den Jahren 1970 bis 1972 unter der Baureihenbezeichnung V 300 bzw. 130 zunächst allerdings 80 Güterzuglokomotiven, weil die Entwicklung der elektrischen Zugheizanlage nicht rechtzeitig abgeschlossen worden war. Mit den Lokomotiven 130 101 und 102 standen 1972 die beiden ersten Reichsbahnlokomotiven zur Erprobung der elektrischen Heizeinrichtung zur Verfügung.

Sowjet-Import mit 3.000 PS

130 001-080, 101, 102 (ab 1992: 230, 754)

Baujahre 1969–1972

bremsen werden alle Räder beidseitig durch jeweils einen eigenen Bremszylinder abgebremst. Der Fahrzeugkasten ist mit dem Rahmen verschweißt. Er besteht aus Blechen und Profilen, wobei seitliche Versteifungssicken für erhöhte Festigkeit sorgen. Drei der fünf Dachsektionen sind abnehmbar. Das Innere der Lokomotive ist gegliedert in die beiden schall- und wärmeisolierten Führerstände, den Maschinenraum und die Kühlerkammer.

Der aufgeladene Dieselmotor vom Typ 5 D 49, ein wassergekühltes Viertakt-Aggregat mit 2.200 kW Nennleistung, hat 16 v-förmig angeordnete Zylinder. Die Leistungsübertragung erfolgt über den direkt am Dieselmotor mit einer halbelas-tischen Kupplung angeflanschten Traktionsgenerator, einen fremderregten Dreiphasen-Wechselstrom-Synchrongenerator mit der Ausgangsleistung von 2.190 kW. Der Strom wird gleichgerichtet. Die sechs Gleichstrom-Tatzlager-Fahrmotoren sind in Reihe geschaltet und

haben eine Einzel-Nennleistung von 305 kW. Der Lichtmaschine kommen zwei Funktionen zu: Sie dient zum Anlassen des Dieselmotors und im Generatorbetrieb der Versorgung des elektrischen Bordnetzes (110 V) und der Batterieaufladung. Das Kühlsystem ist als geschlossener Kreislauf gestaltet. Die Kühlwasser-Umwälzpumpe wird über Zahnräder direkt von der Kurbelwelle des Dieselmotors angetrieben. Sie drückt das im Dieselmotor erhitzte Kühlwasser in die beiden Kühlerblöcke, über denen drei elektrisch angetriebene Kühlerlüfter installiert sind. Sie saugen Luft durch Seitenwandöffnungen an, diese umspült die Kühlerelemente und wird nach oben abgeleitet. Die Kühlerjalousien in den Seitenwänden und die Kühlerlüfter werden abhängig von der Kühlwassertemperatur automatisch betätigt. Der unter den Kühlerblöcken montierte Luftverdichter erzeugt die Druckluft für Bremsen und pneumatische Schaltgeräte. Als Reservoir dienen zwei Hauptluftbehälter mit je 600 Litern Fassungsvermögen, die an den Querseiten des Kraftstofftanks angebracht sind.

Beide Führerstände haben den gleichen Aufbau. Der Fahrschalter gestattet die Wahl zwischen Leerlauf und 15 Fahrstufen. Alle wichtigen Aggregate werden elektrisch überwacht, ihr Betriebszustand wird auf dem Führerstand angezeigt.
Ab 130 037 erhielten die Lokomotiven eine automatisch wirkende fremderregte Gleichstrom-Widerstandsbremse, die je nach Bremsarteinstellung (G, P, P2 oder R) parallel zur Druckluftbremse reagiert. Das Übersetzungsverhältnis der Radsatzgetriebe beträgt 3,15:1. 130 001 bis 011 unterscheiden sich von allen anderen Lokomotiven der Baureihenfamilie durch größere Frontfenster. Die erwähnten 130 101 und 102 waren für 140 km/h zugelassen und verfügten über eine elektrische 1.000-V-Zugheizeinrichtung mit einer Frequenz von 16 2/3 Hz. Sie waren im Bw Halle G stationiert und wurden von der Versuchs- und Entwicklungsstelle der Maschinenwirtschaft (VES-M) als Bremslokomotiven für Probefahrten verwendet. Daher hat man sie 1992 als Bahndienstfahrzeuge eingeordnet, sie trugen zuletzt die Betriebsnummern 754 101 und 102.
Haupteinsatzgebiete der Reihe 130 waren die Räume Halle (Saale), Sangerhausen, Schwedt und Rostock, wo sie schwere Güterzüge führten. Anfang der neunziger jahre setzten die Bahnbetriebswerke Frankfurt (Oder), Neustrelitz und Seddin als letzte die 130er planmäßig ein. Nachdem 1990/91 das Güterverkehrsaufkommen drastisch zurückging, verzichtete die DR auf größere Reparaturen und musterte die Triebfahrzeuge nach und nach aus.

Bauart	Co'Co' de
Motoren	1 x Kolomna 5 D 49
Zahl der Zylinder pro Motor	16
Höchstgeschwindigkeit	120 km/h (130 101 und 102: 140 km/h)
Heizung	keine (130 101 und 102: elektrisch)
Länge über Puffer	20.620 mm
Dienstmasse	115 t
Achsfahrmasse	19 t
Leistung	2.200 kW

Baureihe 118.6-8

Neue Motoren

118 601-806 [mit Lücken] (ab 1992: 228.6-8)
Umbau 1971–1988

In den siebziger und achtziger Jahren ließ die Reichsbahn sechsachsige 118er in großer Zahl mit 883-kW-Motoren ausrüsten; sie wurden in die neue Unterbaureihe 118.6-8 eingeordnet.
Die leistungsverstärkten Maschinen kamen vorrangig auf Haupt- und Nebenbahnen in den Mittelgebirgen Thüringens und Sachsens und im Harzvorland zum Einsatz.
Die 118 625 und die 118 805 wurden – wie auch die vierachsige 118 124 – in den achtziger Jahren für Extremerprobungen mit je zwei auf 1100 kW eingestellten Dieselmotoren 12 KVD 18/21 der Bauform AL-4 ausgerüstet. Sie waren damit die leistungsstärksten dieselhydraulischen Lokomotiven der DR.

Die letzten Maschinen der Baureihe 228.6-8 sind 1998 ausgemustert worden.

Bauart	C'C' dh
Motoren	2 x KA Johannisthal 12 KVD 18/21 AL-4 oder AL-5
Zahl der Zylinder pro Motor	12
Höchstgeschwindigkeit	120 km/h
Heizung	Dampf
Länge über Puffer	19.460 mm
Dienstmasse	92 t
Achsfahrmasse	15,5 t
Leistung	2x 883 kW

Baureihe 131

„V 300" für Güterzüge

131 001–076, 158, 160, 164 (ab 1992: 231)

Baujahre 1972–1973

1972 und 1973, solange die elektrische Heizung noch nicht die Serienreife erlangt hatte, nahm die DR mit den Maschinen 131 001 bis 076 eine weitere Serie reiner Güterzuglokomotiven aus der V-300-Familie ab. Es lag nahe, eine veränderte Antriebsübersetzung zu wählen, so dass die Höchstgeschwindigkeit auf 100 km/h beschränkt und die Anfahrzugkraft deutlich angehoben wurde (340 kN bei der Reihe 131 gegenüber 250 kN bei der Reihe 130). Später erhielten die 130 058, 060 und 064 die Getriebeübersetzung der Baureihe 131, sie wurden fortan als 131 158, 160 und 164 bezeichnet. Die ursprünglich mit der BR 130 identische Bremsanlage ist der geringeren Höchstgeschwindigkeit angepasst worden. Die Motoren der Baureihe 131 verfügen über einen hydromechanisch arbeitenden Drehzahlregler.

Bauart	Co'Co' de
Motoren	1 x Kolomna 5 D 49
Zahl der Zylinder pro Motor	16
Höchstgeschwindigkeit	100 km/h
Heizung	keine
Länge über Puffer	20.620 mm
Dienstmasse	115 t
Achsfahrmasse	19 t
Leistung	2.200 kW

Die Reihe 131 war in den Bahnbetriebswerken Arnstadt, Falkenberg (Elster), Halle G und Weißenfels beheimatet. Nach dem Rückgang des Güterverkehrsaufkommens ab 1990 verzichtete die DR auch bei der Reihe 131 auf größere Reparaturen und stellte die Triebfahrzeuge nach und nach ab.

Im Jahre 1991 stand die DR mit der Iranischen Staatsbahn in Verhandlungen, 20 Lokomotiven der BR 131 zu vermieten. Man hatte die Maschinen bereits im Bw Halle G zusammengezogen und zur Verschiffung via Hamburg vorbereitet, als der Vertrag kurz vor seinem Abschluss platzte.

Baureihe 118.5

Mehr Leistung!

118.503-587 [mit Lücken](ab 1992: 228.5)
Umbau 1973–1982

Vom Hersteller der Baureihe V 180/118, dem Lokomotivbau „Karl Marx" Babelsberg, gingen ebenso wie von der DR-Hauptverwaltung der Maschinenwirtschaft bereits in den sechziger Jahren mehrere Versuche aus, die Leistung der V 180 weiter zu steigern. Nachdem die Entscheidung gefallen war, in großer Stückzahl dieselelektrische Lokomotiven aus der Sowjetunion zu importieren, wurde die Weiterentwicklung von Großdieselloks mit hydraulischer Leistungsübertragung in der DDR jedoch abgebrochen.

In den siebziger und achtziger Jahren aber remotorisierte die Deutsche Reichsbahn nahezu alle Lokomotiven der Baureihe 118.0. Die Maschinen erhielten 736-kW-Motoren. Ab Dezember 1980 wurden sie umgezeichnet, wobei die ursprüngliche Ordnungsnummer um 500 erhöht wurde (aus der 118 003 wurde die 118 503 usw.).

Bauart	B'B' dh
Motoren	1 x KA Johannisthal 12 KVD 18/21 A-3
Zahl der Zylinder pro Motor	12
Höchstgeschwindigkeit	100 km/h
Heizung	keine
Länge über Puffer	14.240 mm
Dienstmasse	62,2 t
Achsfahrmasse	15,5 t
Leistung	736 kW

Baureihe 132

Endlich mit Zugheizung!

132.001-709 (ab 1992: 232)

Baujahre 1973–1982

Die Universallokomotive, die sich die DR mit der „V 300" eigentlich von Anfang an gewünscht hatte, stand mit 132 001 im Jahre 1973 endlich auf den Schienen. Konstruktiv entsprach die 132 bis auf Details der 130 und 131; die Änderungen standen zumeist im Zusammenhang mit der elektrischen Heizung. Selbstverständlich flossen auch Erfahrungen aus dem Betrieb der Vorgänger ein.

Die Baureihe 132 wurde bis ins Jahr 1982 in einer Stückzahl von insgesamt 709 Lokomotiven importiert. Die Maschinen verdrängten schnell die Schnellzug-Dampflokomotiven der Reihen 01, 01.05, 01.15, 03 und 03.10 aus ihren letzten großen Einsätzen.

Die Höchstgeschwindigkeit der Reihe 132 ist auf 120 km/h festgelegt worden. Der serienmäßige Einbau eines Heizgenerators (GS-507) und die Umgruppierung einiger Aggregate im Maschinenraum hatten die geringfügige Verlängerung des Rahmens um 200 mm zur Folge. Die elektrischen Schaltgeräte sind in einer Hochspannungskammer separiert. Alle Lokomotiven verfügen über eine fremderregte elektrische Widerstandsbremse, deren höchste Bremsleistung bei 1.260 kW liegt. Das Führerbremsventil der Bauart Knorr D 5 mit integriertem Bremssteller erlaubt pneumatisches und elektrisches Bremsen oder elektrisches Bremsen allein. Die elektrische Bremse wirkt in Kombination mit der pneumatischen Bremse unabhängig von der Stellung des Fahrschalters auch bei Zwangsbremsung durch Druckabfall in der Hauptluftleitung – ausgelöst durch Notbremsung oder Zugtrennung –, Ansprechen der Sifa oder der Zugbeeinflussung. (Ab 132 540 sind die Bremssysteme von vornherein so gestaltet gewesen, 132 001 – 539 wurden entsprechend nachgerüstet.)

Fahr- und Heizschaltung sind miteinander verbunden; ab Fahrstufe 12 ist die verzögerte Freigabe ungenutzter Heizleistung als Trakti-

onsleistung möglich. Nach Abschalten der Heizeinrichtung steht die gesamte Dieselmotorleistung als Traktionsleistung zur Verfügung, was das Anfahren schwerer Züge und das Fahren in Steigungen erleichtert.

Ab 1991 sind mit Blick auf den vermehrten Einsatz der 132 auf Bundesbahnstrecken Zugfunkgeräte „MESA 2002" für den Betrieb unter dem analogen Zugfunksystem der DR und dem digitalen Zugbahnfunksystem der DB sowie Einrichtungen zur Blindleistungskompensation wegen des erhöhten Energiebedarfs moderner Reisezüge eingebaut worden.

Ebenfalls 1991 begann der Umbau von 35 Lokomotiven für 140 km/h Höchstgeschwindigkeit (Baureihe 234), im Jahr darauf nahm die Deutsche Reichsbahn Versuche zur Remotorisierung der nunmehr unter der Reihenbezeichnung 232 eingeordneten Maschinen auf.

Die Reihe 132 war bei der Deutschen Reichsbahn vor allen Zugarten anzutreffen. Folgende Bahnbetriebswerke setzten sie ein: Arnstadt, Berlin Hbf, Chemnitz, Cottbus, Eisenach, Erfurt, Falkenberg (Elster), Frankfurt (Oder), Güsten, Görlitz, Halberstadt, Halle G, Hoyerswerda, Leipzig Hbf Süd, Magdeburg, Meiningen, Neubrandenburg, Nordhausen, Pasewalk, Reichenbach (Vogtl), Rostock, Saalfeld, Sangerhausen, Schwerin, Seddin, Stralsund, Weißenfels und Wittenberge.

Bauart	Co'Co' de
Motoren	1 x Kolomna 5 D 49
Zahl der Zylinder pro Motor	16
Höchstgeschwindigkeit	120 km/h
Heizung	elektrisch
Länge über Puffer	20.820 mm
Dienstmasse	120 t
Achsfahrmasse	20 t
Leistung	2.200 kW

Baureihe 280

S-Bahn-Baumuster

280.001-008

Baujahre 1973, 1974

Mit dem Entstehen von Satellitensiedlungen an den Rändern einiger DDR-Großstädte waren dort die Verkehrsbedürfnisse stark angestiegen. 1969 wurde die Leipziger S-Bahn eröffnet, wenig später folgten Schnellbahnsysteme in Halle (Saale), Dresden, Magdeburg und Rostock. Um die dort eingesetzten Wendezüge durch Fahrzeuge mit besseren Beschleunigungswerten und nahverkehrsgerechter Raumaufteilung ersetzen zu können, beauftragte die Reichsbahn das Kombinat LEW Hennigsdorf, entsprechende Triebzüge zu entwickeln.

Am 5. Oktober 1973 konnte der erste aus vier Fahrzeugen bestehende Zug an die DR übergeben werden. Er bestand aus dem vorderen Triebwagen (280 001), zwei angetriebenen Mittelwagen (280 002 und 004) und dem hinteren Triebwagen (280 003). Ein zweiter Halbzug mit den Betriebsnummern 280 005 bis 280 008 wurde 1974 gebaut und zunächst auf der Leipziger Frühjahrsmesse präsentiert. Er gelangte danach zum Bw Leipzig Hbf Süd. Im April 1975 begannen die Testfahrten auf der Leipziger S-Bahn-Linie B zwischen Leipzig Hbf und Wurzen. Im November 1976 folgte der Triebzug 280 001 bis 280 004. Nun fanden Einsätze im Fahrgastverkehr statt. Im Herbst 1978 endeten die Probefahrten, die Triebzüge galten nach der Beseitigung einiger Schwachpunkte als serienreif.

Bis 1985 wollte die DR 113 derartige Triebzüge in Dienst stellen. Kapazitätsengpässe im Herstellerwerk ließen dieses Vorhaben scheitern.

Bei den Drehgestellen handelte es sich um geschweißte und h-förmig ausgebildete Leichtbaukonstruktionen. Zum Einbau gelangten vierpolige und fremdbelüftete Wellenstromreihenschlussmotoren des Typs WMFB 0407-148. Gesteuert wurden die Fahrzeuge mit einem vierstufigen Niederspannungsschaltwerk und Gleichrichterschaltungen mit Siliziumdioden und -thyristoren. Die mehrlösigen Scheibenbremsen waren elektrisch gesteu-

ert. Die Führerstände der Triebwagen hatten bedienungsfreundliche Armaturen erhalten. Die geschweißten Wagenkästen bestanden aus Abkantprofilen, wobei die innen liegenden Trittstufen der Einstiege besondere Rahmenkonstruktionen erforderten. Im ersten Triebwagen (a) schlossen sich hinter dem Führerstand ein Traglastenraum, ein Einstiegsraum, ein Großraum für die 2. Klasse, ein Einstiegsraum und ein weiterer Großraum an. Der zweite Triebwagen (b) wurde mit drei Großräumen und zwei Einstiegsräumen, allerdings ohne Führerstand, ausgerüstet. Zwischen den Wagen bestanden durch Gummiwülste gesicherte Übergänge. Die doppelflügeligen Außentüren konnten pneumatisch geschlossen werden. Die Zusammenstellung a+b+b+a bildete eine Zugeinheit. Sie war innerhalb des Zuges mit Hülsenkreuz-, ansonsten mit Scharfenberg-Kupplungen versehen.

Nach den Probefahrten vermissten die Fahrgäste die mit beachtlichem Propagandaaufwand zuvor vorgestellten Fahrzeuge. Zuletzt kam ein Zug 1979/ 1980 in Leipzig zum Einsatz, nach einem Motorschaden rollte er endgültig aufs Abstellgleis. Die Deutsche Reichsbahn hatte sich da bereits für den Einsatz von Doppelstock-Wendezügen im S-Bahn-Verkehr entschieden.

Bauart	Bo'Bo' + Bo'Bo' + Bo'Bo' + Bo'Bo'
Raddurchmesser	850 mm
Höchstgeschwindigkeit	120 km/h
Heizung	elektrisch
Länge über Kupplung (Halbzug a+b+b+a)	97.000 mm
Dienstmasse (Halbzug a+b+b+a)	192 t
Sitzplätze 1. Kl.	–
Sitzplätze 2. Kl.	332
Geschwindigkeit bei Stundenleistung	74,5 km/h
Stundenleistung	3.360 kW

Baureihe 250

Kraftpaket für Güterzüge

250.001–273 (ab 1992: 155)

Baujahre 1974–1984

Als Ergänzung und zur späteren Ablösung der Co'Co'-Vorkriegs-Elektrolokomotiven der Reihe E 94 plante die Deutsche Reichsbahn in den sechziger Jahren parallel zu den neuen Bo'Bo'-Lokomotiven E 11/E 42 die Beschaffung einer Neubau-Ellok mit sechs angetriebenen Radsätzen. Sie sollte, als E 51 bezeichnet, eine Leistung von 4.800 kW und 100 km/h Höchstgeschwindigkeit erhalten. Ziel war eine für den „Hauptstab für die operative Betriebsführung" der DR maßgeschneiderte Elektrolok, die praktisch jeden Zug befördern konnte.

Die Planungen verzögerten sich mehrfach – nicht zuletzt wegen der beschränkten Kapazitäten der Lokomotivbau-Elektrotechnischen Werke (LEW) Hennigsdorf. Nach dem Anfang der siebziger Jahre wieder aufgenommenen Projekt sah das Betriebsprogramm die Beförderung von 3.000-t-Güterzügen in der Ebene mit 95 km/h und von 1.800-t-Güterzügen mit 110 km/h sowie auf fünf Promille Steigung mit 95 km/h vor. Die Höchstgeschwindigkeit wurde zwar auf 120 km/h festgesetzt, konstruktiv waren jedoch 125 km/h zu berücksichtigen.

Die LEW Hennigsdorf lieferten 1974 die Prototypen 250 001 bis 250 003, die anschließend von der DR in umfangreichen Versuchseinsätzen

und im Betriebsdienst erfolgreich getestet wurden. Eine Probezerlegung im Raw Dessau ergab ebenfalls keine nennenswerten Verbesserungshinweise für die Serienausführung.

Daraufhin beschaffte die DR in sechs Lieferserien mit unterschiedlichen Stückzahlen zwischen Januar 1977 und Oktober 1984 insgesamt 270 Serienlokomotiven. Im Hinblick auf das 1981 begonnene zweite Elektrifizierungsprogramm der DR waren die letzten Lieferserien größer als die ersten. Nach anschließender erneuter Beschaffung von Bo'Bo'-Lokomotiven plante die DR gegen Ende der achtziger Jahre eine weiterentwickelte, leistungsfähigere Co'Co'-Maschine. Vorgesehen waren 350 Lokomotiven in drei Varianten für 80, 125 und 160 km/h Höchstgeschwindigkeit. Von ihnen wurden dann lediglich die Prototypen 252 001 bis 004 (siehe S. 136) in Dienst gestellt.

Die geschweißten Drehgestellrahmen der 250 haben zwei kastenförmige Längsträger und Querträger für die Fahrmotoraufhängung sowie die Drehzapfenlagerung. Die vorderen Endquerträger sind, vorbereitend für eine Mittelpufferkupplung, abgekröpft. Die fest angebauten Schneeräumer sind höhenverstellbar. Die Primärfederung besteht je Radsatz aus zwei höhenversetzten Schraubenfedern mit parallelen Hydraulik-Stoßdämpfern. Der mittlere Radsatz hat zehn Millimeter Seitenspiel.

Jeder Radsatz wird durch einen zwölfpoligen Wechselstrom-Reihenschlussmotor über einen Tatzlager-Hohlwellen-Antrieb mit Gummikegelfeder und zweiseitigem, schrägverzahntem Stirnradgetriebe angetrieben. Ab 250 126 sind Kegelringfedern veränderter Ausführung eingebaut.

Der Hauptrahmen mit zwei durchgängigen, unter den Führerhäusern verstärkten Längsträgern trägt die längs gesickten Maschinenraumseitenwände und die Endführerhäuser. Kastenförmige Dachlängs- und -querträger versteifen den Kastenaufbau. Über dem Maschinenraum ist das Dach in drei haubenförmigen Teilen abnehmbar. Im oberen Teil der Seitenwände befindet sich

das Mehrfachdüsengitterband, durch das die Kühlluft angesaugt wird. Die Führerstände sind über den Maschinenraum zugänglich, in den die Seitenwand-Außentüren führen.
Die Maschinen haben noch Scherenstromabnehmer mit Doppelpalette, obwohl die LEW bereits einen geeigneten Einholmstromabnehmer entwickelt hatten. Als Haupttransformator ist ein fremdbelüfteter Dreischenkel-Kerntransformator mit zwangsweisem Ölumlauf eingebaut. Seine Ober- und Unterspannungswicklung ist in zwei galvanisch getrennte Kreise für die jeweils drei Fahrmotoren eines Drehgestells unterteilt.
Für das Hochspannungsschaltwerk mit Stufenwähler und Thyristorsteller zur Regelung der Fahrmotorspannung hat der Trafo 31 Anzapfungen, abgestuft zu je 500 V. Die Übertragungssteuerung ist eine Nachlaufsteuerung mit unterlagerter Zugkraftregelung über den Motorstrom und weitgehend mit elektronischen Bauteilen ausgestattet.
Mit der eingebauten thyristorgeregelten elektrischen Widerstandsbremse kann ein 1.800-t-Zug bei zehn Promille Neigung auf 40 km/h Beharrungsgeschwindigkeit abgebremst werden.
Die Prototyplok 250 002 war von 1979 bis 1987 mit einem modifizierten Kegelringfeder-Antrieb der LEW ausgerüstet, der für 160 km/h erfolgreich getestet und zugelassen wurde.
Wegen ihres kantigen Äußeren hatten die Maschinen nach kurzer Zeit die Beinamen „Kommissbrot" oder „Container" weg, bis man sich an ihren Anblick gewöhnte. Die Farbgebung war nach dem im Lieferzeitraum gültigen Farbkonzept der DR ausgeführt. Das Laufwerk und abnehmbare Dachhauben waren grau, der Lokomotivkasten und die festen Dachteile bordeauxrot gespritzt. Die Stirnfronten zierte ein breiter weißer Erkennungsstreifen zwischen den Lampen und an den Seitenwänden befand sich ein schmaler, weißer Zierstreifen. Ende 1983 bis April 1984 lieferten die LEW 13 Maschinen mit einem helleren Lokomotivkasten, im so genannten Orleanderrot. Es waren die 155 226, 234–239, 241, 243, 245–247.
Dem geplanten Einsatzkonzept entsprechend,

kamen die ersten Serienlokomotiven nach Dresden, Halle (Saale) sowie Erfurt und wurden vorrangig im schweren Güterzugdienst verwendet. Die Indienststellungen aller 250er erfolgten über das Bw Weißenfels. Sehr bald waren die Maschinen auch vor Schnellzügen und den Städte-Express-Zügen zu sehen. Eine Domäne waren, gemeinsam mit den 254, die Kohlenzüge im Dreieck Dresden – Magdeburg – Erfurt.
Mit der Ausdehnung des elektrisch betriebenen Netzes kamen die 250 nach Seddin und Jüterbog, und bis zur Ablösung durch 243er befanden sie sich auch in Stendal und Neustrelitz. Gegen Ende der achtziger Jahre kamen Falkenberg (Elster), Elsterwerda, Senftenberg, Cottbus und Riesa als Standorte hinzu, und die Maschinen waren großräumig auf allen elektrifizierten Strecken südlich von Berlin im Güter- und Reisezugdienst anzutreffen.
Durch den Transportrückgang bei der DR nach der deutschen Wiedervereinigung waren die 155 teilweise beschäftigungslos abgestellt. Die Schweizer Südost-Bahn (SOB) mietete 1990 die 250 252 an. Nach dem positiven Testeinsatz einer Maschine vom Bw Nürnberg 2 aus befanden sich seit Sommerfahrplan 1992 mehrere 155 dort im Einsatz, blieben aber in Weißenfels beheimatet. Die Reihe 155 gehörte somit zu den ersten im gesamten vereinigten Bundesgebiet eingesetzten Loks der DR. Inzwischen ist neben den ostdeutschen Betriebshöfen Dresden und Seddin auch Mannheim zur Heimat vieler 155 geworden.

Baureihe 142

Die stärkste Diesellok

142.001-006 (ab 1992: 242)

Baujahre 1974–1978

Auf der Leipziger Frühjahrsmesse 1975 stellte die Diesellokomotivfabrik Woroschilowgrad das Baumuster einer aus der Reihe 132 hergeleiteten 4.000-PS-Lokomotive vor. Diese als „142-001" bezeichnete Lokomotive wurde von der Deutschen Reichsbahn messtechnisch untersucht, aber nicht abgenommen. Zwischen 1976 und 1978 wurden dann die 142 001 bis 006 als Prototypen mit 4000 PS Motorleistung beschafft. Ihrer gegenüber der Reihe 132 größeren Achslast wegen konnten diese Lokomotiven allerdings nur beschränkt eingesetzt werden. Der Motor 2-9 DG mit Hochaufladung bringt es auf eine Leistung von 2.940 kW bei 1.000 U/min. Zwangsläufig haben auch der Hauptgenerator vom Typ GS-504 (2.750 kW) und die Fahrmotoren vom Typ ED-120 (408 kW) deutlich höhere Leistungswerte als die Aggregate der 132. Die drehelastisch gelagerten Großräder sollen den Verschleiß am Oberbau ebenso wie an den Zahnrädern und

Fahrmotoren gering halten. Weil die DR Ende der siebziger Jahre außerdem ihr Elektrifizierungsprogramm wiederaufnahm, unterblieb der Serienbau. Alle sechs Lokomotiven wurden im Bahnbetriebswerk Stralsund beheimatet. Durch Sperrung ihrer oberen Fahrstufen sind die 242er vom Traktionsvermögen her den 232ern angeglichen worden.

Bauart	Co'Co' de
Motoren	1 x Kolomna 2-9 DG
Zahl der Zylinder pro Motor	16
Höchstgeschwindigkeit	120 km/h
Heizung	elektrisch
Länge über Puffer	20.820 mm
Dienstmasse	124,7 t
Achsfahrmasse	21,2 t
Leistung	2.940 kW

Baureihe 119

„Karpatenschreck"

119.001-200 (ab 1992: 219)

Baujahre 1976 – 1985

Mitte der siebziger Jahre benötigte die Reichsbahn zur Ablösung der letzten Dampflokomotiven weitere, der Baureihe 118.2-4 vergleichbare Diesellokomotiven. Da sich die DDR-Regierung einer Abmachung innerhalb der Wirtschaftsgemeinschaft RGW angeschlossen hatte, wonach sich der einheimische Lokomotivbau auf Dieselloks mit einer Leistung bis 2000 PS spezialisieren sollte, ging der Auftrag für die Baureihe 119 an die rumänische Lokfabrik „23. August". Dem von der DR aufgestellten Bedingungswerk zufolge sollten jedoch zahlreiche Hilfs-, Steuer- und Überwachungseinrichtungen, die sich bei den Baureihen 106, 110 und 118 bewährt hatten, verwendet werden. Strömungsgetriebe und Dieselmotor mussten so konzipiert sein, dass sie auch für eine eventuelle Modernisierung der BR 118 genutzt werden konnten. Schließlich verlangte der Auftraggeber den Einbau einer elektrischen Zugheizeinrichtung.

Die Baumusterlokomotive 119 001 wurde zunächst einigen Probefahrten in Rumänien unterzogen und dann am 6. Januar 1977 von der DR übernommen. Insgesamt beschaffte die DR bis 1985 200 Maschinen. Kennzeichnend für die Baureihe 119 war von Anfang an die große Störanfälligkeit aufgrund von Fertigungsmängeln an den Achsgetrieben, den Dieselmotoren, den Rohrverbindungen und an der Zugheizeinrichtung. Die DR begann deshalb frühzeitig, die störanfälligsten Baugruppen, insbesondere den in Rumänien nach MTU-Lizenz hergestellten Dieselmotor MB 820 SR, durch ostdeutsche Aggregate zu ersetzen.

Hauptrahmen und Aufbauten bestehen aus einer verschweißten, gemeinsam tragenden Leichtbaukonstruktion. Das Dach ist in mehrere Teile gegliedert, die für Montagearbeiten einzeln abgenommen werden können. Bei den Baulosen gibt es geringe äußere Unterschiede: Bei 119 001 bis 116 ist das Spitzenlicht in die vorgezogene Dachschürze integriert; ab 119 117 befindet es sich unterhalb der Frontfenster und die Dachschürze fehlt.

Die Rahmen der dreiachsigen Drehgestelle sind als Schweißkonstruktionen ausgeführt. Während sich der Lokomotivrahmen an vier Punkten über je drei Flexicoilfedern auf den Drehgestellrahmen abstützt, stützen sich Letztere über Schraubenfedernpaare auf die Radsatzlagergehäuse. Die Zug- und Bremskräfte werden von den Drehgestellen über gummigelagerte, seitlich verschiebbare und wartungsfreie Drehzapfen übertragen. Zur Bremsausrüstung gehören die indirekt wir-

kende, selbsttätige mehrlösige Druckluftbremse mit Selbstregler-Führerbremsventilen (DAKO BS2) und Achslagerbremsdruckregler, weiterhin die direkt wirkende Druckluft-Zusatzbremse sowie zwei mechanische Feststellbremsen, die von jedem Führerstand aus auf jeweils einen Radsatz wirken. Die Motoren sind hintereinander angeordnet und jeweils zur Mitte der Lok hin über Hilfsgetriebe mit dem Gleichstrom Synchrongenerator für die Zugheizeinrichtung (1000 V) verbunden. Das Drehmoment der Hauptabtriebe wird über Gelenkwellen, Dreiwandler-Strömungsgetriebe und Achsgetriebe jeweils auf alle drei Radsätze eines Drehgestells übertragen. Bis zur Ordnungsnummer 030 verfügen die Maschinen über eine Wendezugsteuerung. Die Ausmusterung der Lokomotiven ging in den 90er Jahren rasch vonstatten; an der Jahrtausendwende stand nur noch eine geringe Stückzahl bei den Betriebshöfen Cottbus, Erfurt, Chemnitz und Halberstadt im Einsatz, der 2003 endete.

Bauart	C'C'dh
Motoren	2 x MTU-Lizenz MB 820 SR, dann 2 x 12 KVD 18/21 SVW AL-4 bzw. AL 5
Zahl der Zylinder pro Motor	12
Höchstgeschwindigkeit	120 km/h
Heizung	elektrisch
Länge über Puffer	19.500 mm
Dienstmasse	96 t
Achsfahrmasse	16 t
Leistung	2 x 990 kW, dann 2 x 883 kW

Baureihe 108/298

Dieselhydraulik mit Pfiff

108 156, 161 / 298.1-3 (ab 1992: 298)

Umbau 1978, 1991–1993

Wohl war die V 100 ursprünglich auch für den Rangierdienst vorgesehen gewesen, aber von den Bedieneinrichtungen, der Motorsteuerung und der Bremskonfiguration her war sie im Grunde eine reine Streckenlokomotive. Aus dieser Einsicht heraus verzichtete die Reichsbahn ab 110 201 auf das Stufengetriebe, doch man gab das Ziel nicht auf, aus der Baureihe 110 eine für den schweren Rangier- und mittelschweren Güterzugdienst gleichermaßen geeignete Lokomotive abzuleiten. 1978 ließ die DR die 110 156 und die 110 161 mit neu entwickelten Strömungswendegetrieben und Auf-Ab-Steuerungen zur Drehzahlverstellung des Motors ausrüsten. Unter der neuen Baureihenbezeichnung 108 wurden sie dem Langzeitversuch unterzogen. Die dabei gewonnenen Erfahrungen sollten eigentlich in eine für Anfang der neunziger Jahre vorgesehene Neubaulokomotive einfließen, für die die Reihe 109 reserviert war. Dazu kam es aber nicht. Vielmehr überarbeitete die Zentralstelle Maschinentechnik der DR die Reihe 108 grundlegend. Zwischen 1991 und 1993 baute das Raw Stendal die BR 298 aus Spenderlokomotiven der Reihen ex 110.0-1 und 111 um; während die ehemaligen 110/201er ihre Ordnungsnummern behielten, stellte man bei den früheren 111/293ern als erste Ziffer der Ordnungsnummer eine Drei an die Stelle der Null. Zu den Neuerungen gehört die Auf-Ab-Steuerung zur stufenlosen Drehzahlverstellung des Dieselmotors (der bekannte 12 KVD 18/21 AL-4 oder -5, aber speziell für den Teillastbetrieb hergerichtet und darum auf 750 kW Nennleistung eingestellt). Das Strömungswendegetriebe verfügt über jeweils einen Anfahr- und einen Marschwandler für jede Fahrtrichtung. Wenn beim Fahren in die eine Richtung der Anfahrwandler für die entgegengesetzte Richtung mit Getriebeöl gefüllt wird, arbeitet das Getriebe als Bremse. Die hydrodynamische

Bremskraft kann dabei kurzzeitig bis 160 kN im Schnellgang und 170 kN im Langsamgang betragen. Durch Veränderung der Dieselmotor-Drehzahl wird die hydrodynamische Bremskraft verstellt. Die beim hydrodynamischen Bremsen im Getriebe entstehende Wärme wird über das Kühlwasser abgeführt. Zusätzlicher Ballast sorgt für eine erhöhte Gesamtmasse. Die Lokomotive wird von kleinen Seitenpulten, jeweils unter den seitlichen Schiebefenstern angebracht, gesteuert. Der Lokomotivführer kann ohne Schalter- oder Schlüsselbewegungen zwischen den Pulten beliebig wechseln. Bei vergleichbaren Einsatzbedingungen und größerem Zugkraftangebot verbraucht die 108/298 jährlich etwa 8.000 kg Dieselkraftstoff weniger als eine 111/293.

Bauart	B'B' dh
Motoren	1 x KA Johannisthal 12 KVD 18/ 21 AL-4 oder AL-5
Zahl der Zylinder pro Motor	12
Höchstgeschwindigkeit	33 km/h (Rangiergang) / 80 km/h (Streckengang)
Heizung	keine
Länge über Puffer	14.240 mm
Dienstmasse	67,3 t
Achsfahrmasse	17 t
Leistung	750 kW

Baureihe 276.1

Aufgefrischte S-Bahn-Züge

276.101/102-523/524 (ab 1992: 476/876)

Umbau 1979–1987

Ursprünglich sollten die S-Bahn-Triebwagen der Baureihen ET/ES 165 und ET/EB 165 in den siebziger Jahren aus dem Berliner S-Bahn-Netz verschwinden. Doch da die LEW Hennigsdorf die als Ersatz vorgesehenenen Neubaufahrzeuge der Baureihe 270 nicht rechtzeitig liefern konnten, entschloss sich die Verwaltung S-Bahn der Reichsbahndirektion Berlin zur Rekonstruktion der alten Züge. In diesem Rahmen übernahm das Raw Berlin-Schöneweide ab 1979 die Modernisierung der Baureihe 275.

Dabei entstanden neben den Trieb- nur Beiwagen, zu denen auch die Steuerwagen umgebaut wurden. Abgesehen von der nun kantiger gestalteten Frontpartie, blieb das Aussehen der Fahrzeuge weitgehend erhalten. Auch das Grundkonzept der rekonstruierten S-Bahn-Züge entspricht im Wesentlichen dem der ET/EB 165. So übernahm das Raw die alten Fahrmotoren, stattete die Triebwagen aber mit einer neuen elektrischen Ausrüstung aus, die zu der der Baureihe 277 passte. Daneben wurde eine andere Bremsanlage eingebaut. Während man den genieteten Wagenkasten in seiner Grundform beibehielt, entstand der Führerstand als Schweißkonstruktion neu. Der dabei verbreiterte Führerraum ermöglichte den Einbau bequemerer Sitze für den Triebfahrzeugführer. Grundlegend modernisiert wurden ebenfalls die Fahrgasträume, bei denen das Raw auch ein Großabteil pro Wagen einrichtete. Die rekonstruierten Züge bezeichnete man zuerst als 276.1, später als 276.5. Ab 1992 wurden sie zur Baureihe 476 bzw. 876 umnummeriert. Statt der anfänglichen beige-braunen Lackierung erhielten die Züge nach und nach das S-Bahn-typische leuchtende Rot-Gelb.

Ab 1996 wurden die Züge trotz dieser Umbauten nach und nach durch Neubaufahrzeuge ersetzt.

Bauart	Bo'Bo' + 2'2'
Raddurchmesser	900 mm
Höchstgeschwindigkeit	80 km/h
Heizung	elektrisch
Länge über Puffer	35.460 mm (Viertelzug)
Dienstmasse	65,5 t (Viertelzug)
Sitzplätze 1. Kl.	–
Sitzplätze 2. Kl.	54 + 54 oder 54 + 58 (Viertelzug)
max. Anfahrbeschleunigung	0,5 ms-2
Leistung	360 kW

Baureihe 279.0

Elektrisch nach Buckow

279.001, 002 mit 279.003, 004, 006 (ab 1992: 479 601, 602 mit 879.601-603) • Umbau 1980–1981

Am 15. Mai 1930 nahm die Buckower Kleinbahn den Regelspurbetrieb zwischen Müncheberg in der Mark und Buckow in der Märkischen Schweiz auf. Damit begann für die Ausflugslinie bei Berlin die Ära unter Fahrdraht: Fortan fuhren die Züge hier mit 750-Volt-Gleichstrom. Dazu hatte die Bahngesellschaft bei der Hannoverschen Waggonfabrik je drei Trieb- und Beiwagen erworben. Die Fahrzeuge blieben nach der Übernahme durch die Deutsche Reichsbahn (DR) 1949 weiter im Einsatz, wobei sie als ET 188.5 bzw. EB 188.5 eingereiht wurden. Anfang der siebziger Jahre erhielten sie dann die Baureihenberzeichnung 279.0. In der Folgezeit aber stand die Strecke mehrfach zur Disposition. Erst, als Anfang der achtziger Jahre alle Überlegungen zur Schließung der Bahn in der Schublade verschwanden, war die Zukunft gesichert. Aus diesem Grund nahm das Raw Berlin-Schöneweide 1980/81 eine grundlegende Rekonstruktion der bereits über 50 Jahre alten Fahrzeuge vor. Dabei erneuerte man den wagenbaulichen Teil und die elektrische Ausrüstung vollkommen. Der Wagenkasten etwa war nach dem Umbau nicht mehr zu den Stirnseiten hin abgeschrägt, sondern nahm auch dort die volle Breite ein. Blechdächer ersetzten die alten Holzdächer. Jeder Führerstand erhielt zwei breite Stirnfenster, die Seitenfenster gestaltete man ähnlich wie bei den rekonstruierten Fahrzeugen der Berliner S-Bahn. Um abgeschlossene Führerstände einrichten zu können, mussten die Endeinstiege weichen. Stattdessen versah das Raw die Fahrzeuge mit Mitteleinstiegen. Von dort aus hatten die Reisenden Zugang zu zwei Fahrgasträumen, welche komplett neu gestaltet worden waren. Für den Einsatz auf der jetzt mit 600-Volt-Gleichstrom betriebenen Strecke erhielten die Triebwagen neue Fahrmotoren vom Typ EM 6/60, wie sie bei etlichen Trambahnen Verwendung fanden. Beibehalten wurden dagegen die Schraubenkupplungen und Hülsenpuffer, mit denen die Triebwagen bis in die sechziger Jahre Schleppdienste im Güterverkehr übernommen hatten. Mit rot-gelbem Anstrich kehrten die Fahrzeuge in den Einsatz zurück. Wenige Jahre nach der Wende aber kam für Trieb- wie Beiwagen das Aus: Am 22. Mai 1993 wurde der elektrische Betrieb zwischen Müncheberg und Buckow eingestellt. Heute findet hier aber ein Museumsbetrieb mit den alten Fahrzeugen statt.

Bauart	Bo (ET) / 2 (EB)
Raddurchmesser	900 mm
Höchstgeschwindigkeit	50 km/h
Heizung	elektrisch
Länge über Puffer	14.300 mm
Dienstmasse	22,7 t (ET) / 14,8 t (EB)
Sitzplätze 1. Kl.	–
Sitzplätze 2. Kl.	32 (ET) / 40 (EB)
Stromsystem	600 V =
Stundenleistung	120 kW

Baureihe 270

Vorserien-S-Bahn

270.001/002-007/008

Baujahre 1979 – 1980

Ende der siebziger Jahre verfügte die Berliner S-Bahn nur über Fahrzeuge aus der Zeit vor und während des Zweiten Weltkrieges. Deshalb erteilte die Deutsche Reichsbahn (DR) den LEW Hennigsdorf 1978 den Auftrag zur Entwicklung eines Baumusterzuges. Knapp zwei Jahre später, am 25. Februar 1980, startete der Prototyp 270 001/002 zu ersten Fahrten auf der Strecke Hennigsdorf – Velten (Mark). Der Hersteller hatte das Fahrzeug mit einem selbsttragenden Wagenkasten in Aluminium-Leichtbauweise versehen. Trieb- und Laufdrehgestelle besaßen einheitliche Rahmen, die als H-förmige Schweißkonstruktionen aus Stahl ausgeführt waren. Die Achsfederung erfolgte durch zylindrische Schrauben- und in Reihe geschaltete Gummifedern, der Wagenkasten stützte sich mit Flexicoilfedersätzen auf dem Drehgestellrahmen ab. Die beiden Triebdrehgestelle eines Viertelzuges erhielten Tatzlagerantrieb mit gefedertem Großrad und je einem Halbspannungsfahrmotor pro Treibachse. Erstmals bei der Berliner S-Bahn wurde ein Gleichstromsteller installiert, der eine kontinuierliche Veränderung der zugeführten 800-Volt-Spannung und somit eine stufenlose Steuerung der Fahrmotoren ermöglichte. Jeder Triebzug verfügte über eine zentrale Zugsteuerung, einen elektronischen Schleuder- und Gleitschutz sowie eine elektrodynamische Nutz- und Widerstandsbremse. Anders als bei den Altbaufahrzeugen lagen die Doppelschiebetüren der Eingänge außen, so dass man dünnere Seitenwände und größere Fenster verwenden konnte. Neben den Fahrgasträumen wurden auch die Führerräume großzügig gestaltet. Am 9. September 1980 fuhr der Erste der neuen Züge in einem S-Bahn-Umlauf, ab September 1983 setzte man alle Baumuster planmäßig ein. Mangels Kompatibilität zu den Serienzügen wurden die Musterfahrzeuge aber schon 1990 z-gestellt.

Bauart	Bo'Bo' + 2'2' (Viertelzug)
Raddurchmesser	900 mm
Höchstgeschwindigkeit	90 km/h
Heizung	elektrisch
Länge über Kupplung	36.200 mm (Viertelzug)
Leermasse	60 t (Viertelzug)
Sitzplätze 1. Kl.	–
Sitzplätze 2. Kl.	46 + 54 (Viertelzug)
max. Anfahrbeschleunigung	0,75 ms^{-2}
Stundenleistung	600 kW

Baureihe 112

Neu motorisiert

112.0-8 [mit Lücken] (ab 1992: 202.0-8)
Umbau 1981–1990

Mit ihren 736-kW-Motor- und ca. 680-kW-Traktionsleistung blieb die Baureihe 110 zumindest auf Mittelgebirgsstrecken und im Güterzugdienst oft hinter den Wünschen des Betriebs zurück. Nach fast zehnjährigen Versuchen, u.a. mit den Lokomotiven 110 137 und 110 457, erhielt ab 1981 eine größere Stückzahl von Maschinen im Zuge der planmäßigen Ausbesserungen im Raw Stendal neue 883-kW-Motoren vom Typ 12 KVD 18/21SVW AL-4. Die so leistungsverstärkten Lokomotiven erhielten die neue Baureihenbezeichnung 112 (jetzt 202), ihre Ordnungsnummern wurden beibehalten.
Ab 1983 wurden sogar 1100-kW-Aggregate eingebaut, diese Loks erhielten dann die Baureihenbezeichnung 114.

Bauart	B'B' dh
Motor	1 x KA Johannisthal 12 KVD 18/21 AL-4
Zahl der Zylinder pro Motor	12
Höchstgeschw.	100 km/h
Heizung	Dampf
Länge	14.240 mm
über Puffer	bzw. 13.940 mm1
Dienstmasse	64 t
Achsfahrmasse	16 t
Leistung	883 kW

212.001

Die „Weiße Lady“

212.001(ab 1983: 243.001)

Baujahr 1982

Die LEW Hennigsdorf bekamen 1980 von der Deutschen Reichsbahn den Auftrag für eine neue Bo'Bo'-Lok, bei der die bereits in den sechziger Jahren mit den Reihen E 11/E 42 praktizierte Konzeption der gleichen Grundausführung einer Schnellzugvariante (vorgesehen für 140 km/h) und eines Mehrzwecktyps (120 km/h) gefordert wurde. Auf der Leipziger Frühjahrsmesse 1982 stellten die LEW den Prototyp 212 001 vor.

Die ungewöhnliche Farbgebung – weißer Lokomotivkasten mit breiten, an den Seitenwänden schräg versetzten, roten Streifen – verhalfen der Lokomotive zum Beinamen „Weiße Lady“. Die Probelokomotive war für eine Höchstgeschwindigkeit von 160 km/h ausgelegt. Bei der im Oktober 1983 im Raw Dessau durchgeführten obligatorischen Probezerlegung bekam sie neue Drehgestelle mit Radsätzen der Getriebeausführung für 120 km/h. Mit der nun als 243 001 bezeichneten Maschine setzte die DR die Erprobung fort; im Herbst 1984 begann die Auslieferung der Serien-243.

Die geschweißten Drehgestellrahmen bestehen aus kastenförmigen Längs- und Querträgern, alle durch Querrippen versteift. Der mittlere Querträger dient zur Drehzapfenaufnahme und Fahrmotoraufhängung. Die Stirnquerträger sind wegen der Ausgleichseinrichtung für die Radsatzentlastung nach unten abgekröpft und tragen die Schienenräumer. Beide Drehgestelle verbindet eine Querkupplung. Der geschweißte Brückenrahmen besteht aus zwei durchgehenden, kastenförmigen Längsträgern, den Drehzapfenquerträgern und mehreren Hilfsquerträgern und -längsträgern für die Aufnahme der Maschinenraumausrüstung. Mit ihm sind die Führerhäuser und die längsgesickten Maschinenraum-Seitenwände zu einer selbsttragenden

Einheit verschweißt. Vier Dachhauben über dem Maschinenraum sind abnehmbar und tragen die Dachausrüstung. In den seitlichen Dachschrägen befinden sich Lüftungsbänder für das Ansaugen der Kühlluft. Brückenträger und Kastenaufbau stützen sich über sechs Flexicoil-Schraubenfedern auf jedes Drehgestell ab. Die Schwingungsdämpfung besorgen vier Hydraulik-Stoßdämpfer. Jeder Radsatz wird von einem zwölfpoligen Wechselstrom-Reihenschlussmotor in Tatzlagerausführung über einen Hohlwellenantrieb mit Gummiringkegelfeder und zweiseitigem, schrägverzahntem Stirnradgetriebe angetrieben.

Der Haupttransformator ist ein fremdbelüfteter Dreischenkel-Kerntransformator mit zwangsweisem Ölumlauf und primärseitigen Anzapfungen für das motorbetriebene Hochspannungs-Stufenschaltwerk. Ein Thyristorsteller bewirkt das praktisch stufenlose Überschalten zwischen den 30 Fahrstufen. Die Übertragungssteuerung ist komplex für Fahren, Bremsen, die Stromabnehmerbetätigung und die Hilfsbetriebe ausgeführt. Sie ermöglicht die Betriebsarten:

- Geschwindigkeitsregelung mit unterlegter Zugkraftreglung,
- ungeregelter Betrieb als Auf-Ab-Steuerung im Hilfsbetrieb,
- Betrieb mit Wendezug-Hauptsteuerung.

Die Lokomotive erhielt eine fahrleistungsabhängige elektrische Widerstandsbremse mit einer Dauerleistung von 2.200 kW.

Die 212 001 bzw. spätere 243 001 wurde nach dem Abschluss der Betriebserprobung nicht von der Deutschen Reichsbahn übernommen, sondern diente den LEW Hennigsdorf als Erprobungsträger für die Entwicklung der Drehstrom-Antriebstechnik.

Bauart	Bo'Bo'
Raddurchmesser	1.250 mm
Höchstgeschwindigkeit	160 km/h (nach Umbau zur 243 001: 120 km/h)
Antrieb	Kegelringfeder
Heizung	elektrisch
Länge über Puffer	16.640 mm
Dienstmasse	82,5 t
Achsfahrmasse	20,5 t
Stundenleistung	3.720 kW
Geschwindigkeit bei Stundenleistung	102 km/h

Baureihe 110.9

Die „Wühlmaus"

110.901-903 (ab 1992: 710)

Baujahr 1982

Gemeinsam mit den Tschechoslowakischen Staatsbahnen CSD ließ die Deutsche Reichsbahn Anfang der achtziger Jahre so genannte Grabenräumeinheiten zur rationellen Schaffung und Pflege von Bahngräben entwicken.

Als Antriebsmaschinen wurden drei von der Reihe 110 abgeleitete Loks in Dienst gestellt, die zugleich für den Betrieb von Hochleistungsschneefräsen dienen sollten. Zeitgleich kauften auch die CSD von den LEW Hennigsdorf solche Maschinen.

Bei diesen Lokomotiven verfügt der Dieselmotor (der bekannte 12 KVD in der Bauform A-3) über einen zweiten Abtrieb, der für eine Leistungsabgabe von etwa 300 kW vorgesehen ist. Eine Gelenkwelle führt zum Zwischenlager, das auf dem vorderen Umlauf montiert ist. Hier wird beim Arbeitseinsatz die Antriebswelle der Grabenräumeinheit oder der Hochleistungsschneefräse angeflanscht. In Arbeitsstellung tritt eine hydraulisch verspannte Gelenkbrücke an die Stelle der vorderen Zug- und Stoßvorrichtungen. So nimmt die Lokomotive Massenkräfte des Arbeitsfahrzeuges auf und gewährleistet dessen Standsicherheit. Die Lok kann daneben auch als Traktionsmittel im gewöhnlichen Zugdienst verwendet werden.

Die Lokomotiven erhielten die Betriebsnummern 110 901 bis 903; ab 1992 wurden sie als Bahndienstfahrzeuge unter der Baureihenbezeichnung 710 geführt.

Bauart	B'B' dh
Motoren	1 x KA Johannisthal 12 KVD 18/21 A-3
Zahl der Zylinder pro Motor	12
Höchstgeschwindigkeit	100 km/h
Heizung	keine
Länge über Puffer	14.240 mm
Dienstmasse	62,2 t
Achsfahrmasse	15,5 t
Leistung	736 kW

Baureihe 111

Die Güterzug-V-100

111.001-037 (ab 1992: 293.0)

Baujahre 1981–1983

Eine Variante der Baureihe 110 für den Rangier- und Güterzugdienst stellte LEW Hennigsdorf auch für den Export, vor allem nach China, her. 1981/82 kaufte die Reichsbahn 37 solcher nur 65 km/h schnellen Maschinen und vergab dafür die Baureihenbezeichnung 111. Sie unterschieden sich von der Baureihe 110 vor allem durch die modifizierten Getriebe und den Einbau von Ballastgewichten anstelle der Zugheizeinrichtung. Die Lokomotiven wurden später vollständig zur Reihe 108/298 umgebaut.

Bauart	B'B' dh
Motoren	1 x KA Johannisthal 12 KVD 18/21 A-3
Zahl der Zylinder pro Motor	12
Höchstgeschwindigkeit	65 km/h
Heizung	keine
Länge über Puffer	14.240 mm
Dienstmasse	62,2 t
Achsfahrmasse	15,5 t
Leistung	736 kW

Baureihe 114

Noch stärkerer Motor!

114.2-8 (ab 1992: 204.2-8)

Umbau 1983–1990

Der Dieselmotor 12 KVD 18/21 SVW (= 12-Zylinder-Kurzhub-Viertakt-Dieselmotor mit 18-cm-Kolbenbohrung und 21-cm-Kolbenhub, stehender V-Motor, wassergekühlt) aus dem VEB Kühlautomat Berlin-Johannisthal erfuhr über beinahe drei Jahrzehnte hinweg eine stetige Weiterentwicklung. Ab 1983 wurde er als aufgeladener Motor in der Bauform „AL-5" in insgesamt 61 Lokomotiven der Reihe 110 eingebaut, deren Motorleistung somit auf 1.100 kW gesteigert werden konnte. Diese Lokomotiven erhielten unter Beibehaltung ihrer alten Ordnungsnummern die neue Baureihenbezeichnung 114.

Durch eine Veränderung der Kraftstoffzufuhr wurde bereits ab 1978 die Leistung einiger Motoren versuchsweise vorübergehend auf 1.500 PS gebracht; diese Lokomotiven liefen zeitweise unter der Baureihenbezeichnung 115.

Bauart	B'B' dh
Motor	1 x KA Johannisthal 12 KVD 18/21 AL-5
Zahl der Zylinder pro Motor	12
Höchstgeschw.	100 km/h
Heizung	Dampf
Länge über Puffer	14.240 mm
Dienstmasse	64 t
Achsfahrmasse	16 t
Leistung	1.100 kW

279.205

S-Bahn-Design im Thüringer Wald

131 001–076, 158, 160, 164 (ab 1992: 231)
Baujahre 1972–1973

Jeder der heute weitgehend identischen Triebwagen für die Flachstrecke der Oberweißbacher Bergbahn (Lichtenhain a d Bergb – Cursdorf) in Thüringen hat seine eigene, originelle Geschichte. Der 479 201 (siehe S. 99) geht auf den zweiachsigen elektrischen Triebwagen zurück, mit dem die Bergbahn 1923 ihren Betrieb aufnahm, der heutige 479 203 entstand 1955 durch den Umbau eines bereits damals 46 Jahre alten zweiachsigen Triebwagens der Leipziger Straßenbahn.

Für den Bau des Steuerwagens 279 202 wählte die DR 1973 den von der Niederbarnimer Eisenbahn stammenden Beiwagen 190 840 (ex VB 140 518) aus, 1983/84 wurde dieses Fahrzeug im (S-Bahn-)Raw Berlin-Schöneweide in den Triebwagen 279 205 umgebaut. Es nimmt daher nicht Wunder, dass er seither – wie auch seine beiden in mehreren Stufen modernisierten Schwesterfahrzeuge – einem Triebwagen der Berliner S-Bahn ähnelt.

Der elektrische Teil der Triebwagen 479.2 ist außerhalb des Fahrgastraumes angeordnet. Zur Dachausrüstung gehören der mittig angeordnete Scherenstromabnehmer und zwei Widerstandsgruppen. Die Fahrspannung von 600 V wird den Fahrmotoren vom Typ GFM 3127 mit Tatzlagerantrieb über einen Straßenbahn-Fahrschalter und Vorwiderstände zugeführt.

Der Fahrgastraum ist als Großraum mit Mittelgang gestaltet, von außen trittstufenlos über mittig angeordnete, druckluftbetätigte Doppelschiebetüren zugänglich. Vorhanden sind eine Beschallungs- und eine Türschließ-Warnanlage entsprechend der von der Berliner S-Bahn bekannten Bauart mit Klingelsignal und Warnlicht. Beide Führerstände sind vom Fahrgastraum durch Zwischenwände abgetrennt und nur von diesem aus zu erreichen, eine Übergangsmöglichkeit zwischen den Wagen ist nicht vorhanden.

Der Wagen hat wie seine Schwesterfahrzeuge mit dem weinroten Wagenkasten und dem gelben Fensterband den klassischen Berliner S-Bahn-Anstrich. Er ist noch immer beim Betriebshof Saalfeld, Einsatzstelle Lichtenhain a d Bergb, beheimatet und fährt ausschließlich auf der Strecke Lichtenhain – Cursdorf.

Bauart	Bo
Raddurchmesser	900 mm
Höchstgeschwindigkeit	40 km/h
Heizung	elektrisch
Länge über Puffer	12.600 mm
Dienstmasse	15,3 t
Sitzplätze 1. Kl.	–
Sitzplätze 2. Kl.	24
Stromsystem	600 V =
Stundenleistung	120 kW

Baureihe 143

Kein Trabi auf Schienen

243.0-3, 5-6, 8-9 (ab 1992: 143.0-3, 5-6, 8-9)

Baujahre 1984–1990

Die Betriebserprobung der 212/243 001 war zur Jahresmitte 1984 erfolgreich abgeschlossen, so dass die LEW Hennigsdorf nach dem Abschluss der Baureihe 250 sofort zur Serienfertigung der Baureihe 243 übergehen konnten.

Die Lieferung begann mit der Indienststellung der 243 002 am 25. Oktober 1984 für das Bw Erfurt. Im Sommer 1988 war die 243 370 fertig gestellt, die folgenden 168 Maschinen erhielten eine für Mehrfachtraktion (Vielfachsteuerung) modifizierte Fahrsteuerung und wurden als 243 801–968 bezeichnet. Abschließend beschaffte die DR zwischen Dezember 1989 und Dezember 1990 nochmals 109 Maschinen (243 551 bis 659) ohne Vielfachsteuerung.

Gegenüber der Baumusterlokomotive wurden bei der Serie keine markanten technischen Veränderungen vorgenommen. Die Lackierung der 243 entsprach dem letzten gültigen Farbkonzept der DR-E-Loks. Der bordeauxrote Lokomotivkasten hatte stirnseitig einen breiten, bis an die Seitenwandtüren herumgezogenen, weißen Erkennungsstreifen.

Für Aufsehen sorgte im August 1990 die Vermietung der 243 922 an die Schweizer Südostbahn (sie wurde erst im Jahre 1995 zurückgegeben) und ab 1991 die Vermietung einer großen Anzahl von Lokomotiven an die Deutsche Bundesbahn.

Bauart	Bo'Bo'
Raddurchmesser	1.250 mm
Höchstgeschwindigkeit	120 km/h
Antrieb	Kegelringfeder
Heizung	elektrisch
Länge über Puffer	16.640 mm
Dienstmasse	82,5 t
Achsfahrmasse	20,5 t
Stundenleistung	3.720 kW
Geschwindigkeit bei Stundenleistung	102 km/h

Deren Lokomotivführer schätzten die 243 – bzw. 143, wie sie ab 1992 bezeichnet wurden – als zuverlässige Maschinen mit hohem Bedienkomfort. Zunächst vor allem in Südwestdeutschland kamen die Maschinen vor Reise- und Güterzügen zum Einsatz. Insbesondere die weiß-orange lackierten 143 für den S-Bahn-Verkehr um Düsseldorf und Nürnberg konnten zahlreiche der schnelleren 111 für geeignetere Dienste freisetzen.

Für den S-Bahn-Verkehr sowie den Einsatz vor Doppelstock-Wendezügen wurden ab 1992 einige Maschinen mit der zeitmultiplexen Wendezugsteuerung (ZWS) sowie der zeitmultiplexen Doppeltraktionssteuerung (ZDS) nachgerüstet.

Baureihe 270

S-Bahn für die Hauptstadt

270.0-1 (ab 1992: 485/885)

Baujahre 1987–1992

Ab Frühjahr 1987 erhielt die Deutsche Reichsbahn (DR) die Nullserie der neuen Triebwagen für die Berliner S-Bahn. Die Fahrzeuge wurden unter der Bezeichnung 270 009 bis 024 eingereiht, als Fortführung der Baumusterzüge 270 001 bis 008, die seit Anfang der achtziger Jahre zum Bestand zählten. Gegenüber diesen Fahrzeugen hatte der Hersteller, die LEW Hennigsdorf, aber bei einigen wichtigen Bauteilen Änderungen vorgenommen. Ein markanter äußerlicher Unterschied bei den jüngeren Zügen war die Neigung der Stirnfront, die im Winkel von zehn Grad bis über die Lampenpartie reichte. Zudem besaß die Nullserie kleinere Fahrerfenster und Rechteckleuchten. Unterstrichen wurde der veränderte Eindruck noch durch einen neuen Anstrich: Statt Rehbraun und Beige trugen die Fahrzeuge Zinnoberrot und Anthrazit. Die Stundenleistung der Fahrmotoren hatte man von 125 kW bei den Baumustern auf 150 kW bei der Nullserie gesteigert, womit ein Viertelzug auf 600 kW kommt. Als Abstellbremse diente hier nicht mehr eine Feststell-, sondern eine Federspeicherbremse. Die Türen der Nullserienzüge ließen sich durch Druckknöpfe öffnen. Die Innenraumgestaltung wurde selbst bei der Nullserie noch mehrfach verändert. So richtete der Hersteller ab Zug 270 026 in den Beiwagen geräumige Fahrradabteile ein. In den Triebwagen entfiel die Trennwand zum ehemaligen Dienst- bzw. Fahrradabteil. Die Sitze der Nullserien-Züge wurden mit Kunstleder bezogen, die Wandverkleidungen aus hellgrauem

Kunststoff gefertigt. Zur Ausstattung gehörten außerdem Gepäckablagen, Heizkörper unter den Sitzbänken und Fenster, die sich im oberen Bereich ausklappen lassen. Über die jeweils folgenden Stationen informierten automatische Ansagen und Leuchtschriftanzeigen. Wie bei den Baumusterzügen hatte man die Führerräume fast um einen Meter verlängert und den Fahrersitz, die Instrumente sowie die Beleuchtung nach technischen und arbeitsmedizinischen Gesichtspunkten optimiert. Ein Gebläse konnte den Fußboden- und Fensterbereich wahlweise beheizen oder belüften. Der Nullserie von 1987/88 folgten zwischen Februar 1990 und Dezember 1992 vier weitere Lieferungen mit 158, nur geringfügig modifizierten Viertelzügen. Diese fielen bereits in eine Zeit des Wandels: Ab Juni 1991 trugen die S-Bahn-Fahrzeuge die neuen Bezeichnungen 485 und 885, und ab Betriebsnummer 485 145 prangte auf den Produkten das Fabrikschild des in neue Hände übergegangenen Herstellers, der „AEG Schienenfahrzeuge Hennigsdorf GmbH". Mit dem Abschluss der Lieferserie beendete die Berliner S-Bahn zugleich die Beschaffung von Zügen nach dem Trieb- und Beiwagenprinzip; der Nachfolgetyp, die Baureihe 481, ist als Halbzug konzipiert. Im Betrieb ließen die 485er durch zwei konstruktive Eigenschaften aufhorchen, die man bereits bei den Baumustern eingeführt hatte: Dank der Leichtbauweise und der Nutzbremse verbrauchen die neuen Züge im Vergleich zu den Altbaufahrzeugen 30 Prozent weniger Energie.

Bauart	Bo'Bo' + 2'2' (Viertelzug)
Raddurchmesser	900 mm
Höchstgeschwindigkeit	90 km/h
Heizung	elektrisch
Länge über Kupplung	36.200 mm (Viertelzug)
Leermasse	60 t (Viertelzug)
Sitzplätze 1. Kl.	–
Sitzplätze 2. Kl.	46 + 54 (Viertelzug)
max. Anfahrbeschleunigung	0,75 ms^{-2}
Stundenleistung	600 kW

Baureihe 105/106

Auf breiter Spur

(ab 1992: 347)

Baujahre 1985–1988

Ende der achtziger Jahre ging schrittweise die Eisenbahn-Fährverbindung zwischen Mukran auf der Insel Rügen und dem litauischen Klaipeda (ehemals Memel) in Betrieb. Hintergrund war das Bestreben der DDR und der Sowjetunion, ihren gewaltigen Warenaustausch und den Militärverkehr der Gruppe der Sowjetischen Streitkräfte in Deutschland ohne Transit durch die als politisch unsicher geltende Volksrepublik Polen abwickeln zu können. Die auch heute noch bestehende Fährverbindung ist auf die Trajektierung von russischen Breitspurfahrzeugen (1.520 mm Spurweite) mit Spurwechsel oder Umladung in Mukran ausgelegt. Die DR, die die Lokomotiven für den Fährhafen zu stellen hatte, ermittelte als günstigste Variante den Einsatz von auf 1.520 mm umgespurten Lokomotiven der BR 105/106 (heute 345/346) in Doppeltraktion .

Außer der Umspurung der Radsätze, der Verlängerung der Blindwelle und dem Umbau der elektrischen Ausrüstung war der Einbau der Mittelpufferkupplung sowjetischer Bauart erforderlich. Die hierfür nötigen Voraussetzungen waren vorhanden, ist doch die Reihe 105/106 bereits für den eventuellen Einbau einer automatischen Mittelpufferkupplung vorbereitet worden. Außerdem erhielten die Maschinen Vielfachsteuerung, um in Doppeltraktion fahren zu können. Zwischen 1985 und 1988 wurden 14 Lokomotiven (106 975, 105 027, 039, 058, 074, 079, 096, 120, 124, 126, 136, 140, 141, 142, Baujahre 1975 bis 1982) umgespurt. Um die Breitspurlokomotiven von den normalspurigen Maschinen zu unterscheiden, erhielten sie im ab 1. 1. 1992 gültigen Nummernplan die Baureihenbezeichnung 347.

Bauart	D dh
Motoren	1 x KA Johannisthal 12 KVD 18/21
Zahl der Zylinder pro Motor	12
Höchstgeschwindigkeit	60 km/h
Heizung	keine
Länge über Mittelpufferkupplung	10.880 mm
Dienstmasse	60 t
Achsfahrmasse	15 t
Leistung	478 kW

Baureihe 188.3

Die rollende Werkstatt

188.301-337 (ab 1992: 708.3)

Baujahre 1987–1991

Angesichts der starken Ausdehnung des elektrifizierten Streckennetzes in den achtziger Jahren benötigte die DR dringend neue Oberleitungs-Revisionstriebwagen (ORT). 1987 stellte der VEB Waggonbau Görlitz einen neuen Triebwagen, die Reihe 188.3, vor. Bis November 1991 übernahm die Deutsche Reichsbahn 37 dieser Triebwagen.
Der Wagenkasten ist ebenso wie der Rahmen eine geschweißte Stahlkonstruktion aus Blechen und Profilen. Trieb- und Laufdrehgestell sind Modifikationen der bei vielen DR-Reisezugwagen verwendeten Bauart „Görlitz V" mit Scheibenbremsen der Bauart KE-GP. Daneben stehen von beiden Führerständen aus zu betätigende Handbremsen zur Verfügung.
Der aufgeladene Sechszylinder-Dieselmotor ist liegend im Hauptrahmen angeordnet. Die Kraftübertragung erfolgt über eine drehelastische Kupplung, Strömungsgetriebe und Radsatzgetriebe. Mit dem Strömungsgetriebe ist außerdem ein Drehstromgenerator mit nachgeschaltetem Gleichrichter gekuppelt. Er übernimmt die Versorgung mit Gleichspannung von 130/110 V. Das ebenfalls unterflur befestigte Diesel-Generator-Aggregat mit 12 kW Nennleistung versorgt Arbeitsbühnen und Maschinen mit Drehstrom 380/220 V, 50 Hz. Die Höchstgeschwindigkeit beträgt 100 km/h, mit einer Anhängemasse von 50 t erreicht der ORT in der Ebene noch 80 km/h. Das Fahrzeug ist geteilt in zwei Führerstände, einen Aufenthaltsraum, einen Werkstattraum und eine Toilette. In unmittelbarer Nähe des Mitteleinstieges ist der Beobachtungsdom aufgesetzt. Als Lehrstromabnehmer wird ein Einholm-Stromabnehmer verwendet. Der ORT verfügt über eine feste und eine bewegliche Arbeitsbühne. Die vom Dom aus gesteuerte bewegliche Bühne ist um zweimal 100° schwenkbar und kann um 2.000 mm angehoben werden. Unter ihrem Fußboden befindet sich eine hydraulisch aufrichtbare Leiter, die bis zu einer Höhe von 18 m über Schienenoberkante ausgefahren werden kann.
Geheizt werden die Innenräume durch eine Warmwasserheizung, deren Heizgerät im Untergestell angeordnet ist. Das Motorkühlwasser kann sowohl für die Warmwasserheizung genutzt als auch durch diese vorgewärmt werden. Der Aufenthaltsraum ist mit Tisch, Sitzgelegenheiten, Schränken, Kühlschrank und Kochgelegenheit ausgestattet. Im Werkstattraum befinden sich eine Werkbank von sechs Metern Länge mit Schraubstöcken, Bohrmaschine und Schleifbock, ferner Wandschränke für Werkzeug und Material, Halterungen für Gasflaschen und Seilrollen, eine Beladeeinrichtung, Schaltschränke und der Aufstieg zu den Arbeitsbühnen. Der ORT ist mit Zugfunk und punktförmiger induktiver Zugbeeinflussung (PZB 80) ausgerüstet.

Bauart	(1A)'2' dh
Motoren	1 x Elbewerk Roßlau 6 VD 18715 AL-2
Zahl der Zylinder pro Motor	6
Höchstgeschwindigkeit	100 km/h
Heizung	Warmwasser
Länge über Puffer	22.400 mm
Dienstmasse	58 t
Achsfahrmasse des angetriebenen Radsatzes	16 t
Leistung	330 kW

Baureihe 230

Zweistromlok aus Tschechien

230.001-020 (ab 1992: 180.001-020)

Baujahre 1988, 1991

Für den grenzüberschreitenden Verkehr mit den Tschechoslowakischen und den Polnischen Staatsbahnen (CSD und PKP) orderte die DR bei Skoda in Plzen (Pilsen) Zweisystemlokomotiven für Wechselspannung 15 kV, 16 2/3 Hz und Gleichspannung 3 kV. Skoda hatte nicht nur einschlägige Erfahrungen mit Mehrsystemlokomotiven, sondern sollte im Zusammenhang mit der Elektrifizierung des Grenzüberganges Schöna – Decin auch baugleiche Lokomotiven an die CSD liefern. 1988 wurden die beiden Baumusterlokomotiven 230 001 für die DR und 372 001 für die CSD ausgeliefert. Die DR beschaffte 1991 dann 19 Serienfahrzeuge der BR 230, die CSD 15 Loks mit der Baureihenbezeichnung 372. Die Triebfahrzeuge sind in den Abmessungen und wesentlichen Bauteilen identisch, einige Baugruppen weisen geringfügige Abweichungen auf. Kennzeichnung, Ausrüstung und Zubehör entsprechen vorrangig den Bestimmungen der bestellenden Bahnverwaltung. Die unterschiedlichen Zugbeeinflussungssysteme der beiden Bahnen sind jeweils in beiden Baureihen installiert.

Neu für DR-Loks war der Skoda-Antrieb mit Gestellmotor und Gelenkwelle in der hohlen Ankerwelle. Der Antrieb erfolgt über einseitige, geradverzahnte Getrieberäder. Radsatz und Getriebekasten bilden eine Einheit.

Zur Hochspannungsausrüstung gehören zwei Halbscherenstromabnehmer Bauart Skoda mit je vier Kohleschleifstücken auf zwei Doppelpaletten. Bei Systemumschaltung wird die im Gleichstromsystem erforderliche höhere Anpresskraft

automatisch realisiert. Über Dachtrennschalter und die durchgehende Dachleitung gelangt die Fahrleitungsspannung zum Gleich-(DC-) und Wechselspannungs-(AC-)Hauptschalter, über entsprechende Indikation wird erreicht, dass nur der jeweils „richtige" Hauptschalter zugeschaltet werden kann. Zu den Fahrmotoren gelangt die Spannung beim AC-System über den unterflur angeordneten Haupttrafo, den ölgekühlten, aus zwei hintereinander geschalteten Brücken bestehenden Gleichrichter und die Glättungsdrosseln, im DC-System direkt aus der Fahrleitung.

Die Lokomotiven sind in Dresden beheimatet. Sie sind vorwiegend im grenzüberschreitenden Verkehr via Bad Schandau nach Tschechien sowie von Berlin aus via Frankfurt (Oder) nach Polen eingesetzt.

Bauart	Bo'Bo'
Raddurchmesser	1250 mm
Höchstgeschwindigkeit	120 km/h
Antrieb	Kardan
Heizung	elektrisch
Länge über Puffer	16.800 mm
Dienstmasse	84 t
Achsfahrmasse	21 t
Stundenleistung	3.200 kW
Geschwindigkeit bei Stundenleistung	74 km/h

Baureihe 199.8

V.100 auf schmaler Spur

Umbau 1988, 1990

Zwischen 1981 und 1983 hatte die DR den 14 Kilometer langen meterspurigen Streckenabschnitt Stiege – Straßberg (Harz) wieder aufgebaut und so das Netz von Harzquer- und Selketalbahn verbunden. Während das Güterverkehrsaufkommen der Harzbahnen daraufhin stark anstieg, häuften sich die Schäden an den Dampflokomotiven. Darum sollte die Zugförderung weitgehend „verdieselt" werden. Zunächst erwog die Hauptverwaltung der Maschinenwirtschaft, Neubaulokomotiven in Auftrag zu geben. Mitte der achtziger Jahre fiel dann aber eine andere Entscheidung: 30 Lokomotiven der Baureihe 110 sollten umgespurt werden. Deren für Schmalspur-Verhältnisse gewaltiger Querschnitt sollte keine Probleme bereiten, ermöglichte das Lichtraumprofil der Harzbahnen doch auch den Transport regelspuriger Güterwagen auf Rollböcken oder Rollwagen. Das Raw Stendal baute 1988 und 1990 zehn 110er um. Dann stoppte die DR-Hauptverwaltung den Auftrag, weil der Güterverkehr zurückgegangen war und die Attraktivität des Personenverkehrs unter den Dieselloks litt. Für den Umbau wurden einige der jüngsten 110er (Baujahre 1976 und 1978) verwendet. Die Maschinen behielten ihre alten Ordnungsnummern: 861, 863, 870, 871, 872, 874, 877, 879, 891 und 892.

Vom Aufbau her gleichen die 199er den Spenderlokomotiven (siehe S. 84), wegen der Beschränkung der Achsfahrmasse erhielten sie jedoch dreiachsige Drehgestelle mit neu entwickelten, besonders kleinen Radsatzgetrieben und Schraubenfedern zur Primärfederung. Die Zug- und Stoßeinrichtungen sind am vorderen Querträger eines jeden Drehgestells angebracht. Die 883-kW-Motoren gleichen denen der Baureihe 112. 1993 gingen die Lokomotiven an die neu gegründeten Harzer Schmalspurbahnen (HSB) über.

Bauart	C'C' dh
Motoren	1 x KA Johannisthal 12 KV 18/21 AL-4
Zahl der Zylinder pro Motor	12
Höchstgeschwindigkeit	50 km/h
Heizung	Dampf
Länge über Puffer	13.560 mm
Dienstmasse	60 t
Achsfahrmasse	10 t
Leistung	883 kW

Baureihe 212.0

Reichsbahn mit Tempo 160!

212.001-040 (ab 1992: 112.0; ab 1998: 114.0)

Baujahre 1990–1991

Die Streckenhöchstgeschwindigkeit kam bei der Reichsbahn bis zur deutschen Wiedervereinigung nicht über 120 km/h hinaus, was vor allem dem Mischbetrieb von Reise- und Güterverkehr bei zugleich außerordentlich hoher Belastung der Strecken geschuldet war: Je größer die Geschwindigkeitsunterschiede der einzelnen Züge, desto geringer die Durchlassfähigkeit der Strecken. 1991 begann dann aber vor dem Hintergrund völlig neuer politischer und wirtschaftlicher Rahmenbedingungen der abschnittsweise Ausbau von Strecken für 160 km/h Höchstgeschwindigkeit.

Woher aber sollten die Lokomotiven kommen? Die Antwort lag eigentlich nahe. Aufbauend auf den positiven Versuchsergebnissen mit der Baumusterlok 212 001 von 1982 ließ die Reichsbahn vier Lokomotiven aus der laufenden 243er-Serie abzweigen, die im Herbst 1990 als Prototypen für 160 km/h geliefert wurden. Deren Getriebeübersetzung war von 1:2,72 auf 1:2,18 geändert worden und durch die Verwendung eines besseren Isolationsmaterials konnte die Leistung der Fahrmotoren erhöht werden. Nach erfolgreicher Betriebserprobung gab die DR eine Serie von 35 Maschinen in Auftrag, die zwischen August und Dezember 1991 als 212 006 bis 040 geliefert wurden.

Bauart	Bo'Bo'
Raddurchmesser	1.250 mm
Höchstgeschwindigkeit	160 km/h
Antrieb	Kegelringfeder
Heizung	elektrisch
Länge über Puffer	16.640 mm
Dienstmasse	82,5 t
Achsfahrmasse	20,5 t
Stundenleistung	4.220 kW
Geschwindigkeit bei Stundenleistung	130 km/h

Baureihe 252

Verspätet!

252.001-004 (ab 1992: 156.001-004)
Baujahr 1991

Für den Güterzugdienst auf den in der zweiten Hälfte der achtziger Jahre neu elektrifizierten Strecken gab die DR bei LEW Hennigsdorf die Reihe 252 in Auftrag, die als Synthese aus dem mechanischen Teil der BR 250 und dem elektrischen Teil der BR 243 konzipiert war. Zwar befand sich auch in der DDR die Drehstromantriebstechnik in der Entwicklung, doch Ende der achtziger Jahre war die DDR-Industrie nicht weit genug, um in absehbarer Zeit eine der DB-Reihe 120 vergleichbare Lokomotive auf die Schienen zu stellen. So war die 252 als moderne konventionelle Lokomotive mit technisch ausgereiften und im Betriebsdienst bewährten Systemlösungen projektiert.

Um gleichzeitig aber auch neue Techniken in verschiedenen Konfigurationen erproben zu können, stellte LEW vier Baumuster 252 001 – 004 her. Als sie fertig gestellt waren, wurde die Baureihe 252 allerdings nicht mehr benötigt: Wegen des rückläufigen Güterverkehrs wurde die ursprüngliche Bestellung von 71 Serienloks storniert.

Das 1992 eingeführte gemeinsame Nummernsystem von DB und DR wies den Loks die Betriebsnummern 156 001 – 004 zu.

Hauptrahmen und Lokkasten sind hochfeste Stahlleichtbau-Konstruktionen mit in den tragenden Verband einbezogenen Seitenwänden. Der Lokkasten stützt sich über Flexicoilfederungen auf den beiden dreiachsigen Drehgestellen ab. Alle sechs Fahrmotoren sind gegenüber den Achsen über Kegelringfederantriebe und gegenüber den Drehgestellrahmen mit Gummischubfedern abgefedert. Die als Thyristorsteller und Stufenwähler zur praktisch stufenlosen Stellung der Spannung für die Einphasen-Reihenschluss-Fahrmotoren ausgeführte Hochspannungssteuerung ist eine Weiterentwicklung aus der BR 243 und Voraussetzung für die automatische Geschwindigkeits- und Zugkraftregelung mit optimaler Haftwertausnutzung.

Die Hauptsteuerung regelt die Fahrgeschwindigkeit entsprechend dem vorgegebenen Sollwert, stellt dazu selbsttätig die Zugkraft bzw. die elektrische Bremskraft ein und schaltet im Bedarfsfall die pneumatische Ergänzungsbremse zu. Mit der Hilfssteuerung kann die Zugkraft direkt eingestellt werden. Die elektronische Bremssteuerung sorgt dafür, dass bei Betriebsbremsungen die indirekte pneumatische Lokbremse im Regelfall abgeschaltet bleibt, um Bremssohlenverschleiß und Radreifenbeanspruchung zu reduzieren.

Die vier Baumusterlokomotiven unterscheiden sich in einigen Punkten. Die 252 001 wurde mit der in den 143er-Maschinen verwendeten Steuerelektronik auf Basis hochintegrierter Schaltkreise, so genannter LSL-Technik, und einem rotierenden Umformer für das 380 V/50 Hz-Drehstrombordnetz für die Hilfsbetriebe ausgerüstet. Die 252 002 bekam einen statischen Umrichter für das Drehstrombordnetz. Die 252 003 und 004 erhielten statische Umrichter und das mikroprozessorgesteuerte Rechner-sys-tem „Sibas 16" mit bildschirmgestützten Betriebsanzeigen und Diagnosemöglichkeiten. Die Lokomotiven verfügen mit der Zugsammelschienenspeisung für die Energieversorgung von Reisezugwagen und der 13-poligen UIC-Kupplung auch über die Voraussetzungen für den Reisezugdienst. Antrieb und Laufwerk lassen nach Änderung der Getriebeuntersetzung 160 km/h zu.

Die vier, nach einem nur kleinen Erprobungsprogramm dem Bahnbetriebswerk bzw. Betriebshof Dresden zugeteilten Lokomotiven hatten als „Einzelgänger" aus erhaltungswirtschaftlichen Erwägungen keine Zukunft bei der Deutschen Bahn AG.

Bauart	Co'Co'
Raddurchmesser	1.250 mm
Höchstgeschwindigkeit	125 km/h
Antrieb	Kegelringfeder
Heizung	elektrisch
Länge über Puffer	19.500 mm
Dienstmasse	120 t
Achsfahrmasse	20 t
Stundenleistung	5.880 kW
Geschwindigkeit bei Stundenleistung	102 km/h

Baureihe 104

Abgetourt

(ab 1992: 344)

Umbau 1991–1993

Die Lokomotiven der Baureihe 105/106 arbeiteten auf verschiedenen Bahnhöfen nicht wirtschaftlich, weil hohe Leerlauf- und Teillastanteile den Kraftstoffverbrauch, gemessen an der erbrachten Leistung, äußerst ungünstig beeinflussten. Um die Bereiche des günstigsten Kraftstoffverbrauchs den am häufigsten genutzten Lastbereichen besser anzupassen, wurde bereits im Jahre 1984 in die 106 900 ein aufgeladener Sechszylinder-Reihen-Dieselmotor vom Typ 6 VD 18/15-1 mit 365 kW Nennleistung eingebaut. Der nicht unerhebliche Umbauaufwand veranlasste die Deutsche Reichsbahn jedoch schnell, von einer solchen Remotorisierung wieder Abstand zu nehmen und den bei der Baureihe 105/106 eingesetzten Zwölfzylinder-V-Motor 12 KVD 18/21-3 mit abgesenkter Drehzahl (1100 min-1) und einer von 478 kW auf 365 kW zurückgenommenen Leistung zu verwenden. Das neue Strömungsgetriebe GS 20/4,9 mit Anfahr- und Marschwandler ermöglichte einen wirtschaftlichen Betrieb bei gleicher Anfahrzugkraft und fast gleicher Zugkraft im unteren Geschwindigkeitsbereich wie mit dem 478-kW-Motor.

Die Baumusterlokomotive 106 736 ist in 104 736 umgezeichnet und beim Bahnbetriebswerk Halle G längere Zeit erprobt worden. Die DR plante aufgrund der positiven Versuchsergebnisse, eine größere Anzahl von Lokomotiven der BR 345/346 in die verbrauchsgünstigere Reihe 344 umzubauen. Der Serienumbau begann im September 1991 in Raw Chemnitz mit der 344 163 (nach dem Umbau blieb die Ordnungsnummer der früheren 106 163 erhalten). Pro Maschine und Jahr ging man von einer Kraftstoffeinsparung von 15 t gegenüber den Ursprungslokomotiven aus.

Bauart	D dh
Motoren	1 KA Johannisthal 12 KVD 18/21-3
Zahl der Zylinder pro Motor	12
Höchstgeschwindigkeit	60 km/h
Heizung	keine
Länge über Puffer	10.880 mm
Dienstmasse	60 t
Achsfahrmasse	15 t
Leistung	365 kW

Baureihe 234

Aufgetourte „Ludmilla“

Umbau 1991, 1992

Zu den „großen“ Diensten der Baureihe 132 (S. 103) gehörten von Anfang an die Transitreisezüge zwischen dem Bundesgebiet und Berlin (West). Auch die hochwertigen Reisezüge – InterCitys und InterRegios – die ab 1990 zwischen Ost und West fuhren, wurden zunächst ausschließlich von 132ern gezogen. Weil nämlich die SED-Politbürokratie bis zuletzt darauf spekulierte, für die Elektrifizierung der „Transitstrecken“ via Gutenfürst, Probstzella, Gerstungen, Marienborn und Schwanheide die Bundesrepublik zur Kasse bitten zu können, waren sie ohne Fahrdraht geblieben. Den neuen Zügen mit ihrem hohen Energiebedarf war die BR 132 (seit 1992: 232) zunächst nicht ganz gewachsen. Die Schwierigkeiten bei der Stromversorgung von Bistro-Wagen und Zugrestaurants konnten verhältnismäßig bald durch technische Veränderungen behoben werden.

Mit ihren 120 km/h Höchstgeschwindigkeit waren die Maschinen auf den Bundesbahnstrecken jedoch zu langsam. Und weil der schnell voranschreitende Streckenausbau bei der DR auch hier bald höhere Geschwindigkeiten zuließ, erhielt das Raw Cottbus den Auftrag, 1991 und 1992 zunächst 35 Lokomotiven im Rahmen von Generalreparaturen für die Höchstgeschwindigkeit von 140 km/h umzurüsten. Diese Lokomotiven mit veränderter Getriebeübersetzung bekamen die neue Baureihenbezeichnung 234, behielten aber ihre alten Ordnungsnummern.

Die Deutschen Bahnen sahen Anfang der 90er Jahre ab, dass sie eine nennenswerte Anzahl von Lokomotiven der Reihe 232/234 über das Jahr 2000 hinaus benötigen würden. Als Voraussetzung für den längerfristigen Einsatz galt allerdings, dass die Lokomotiven standfester und wirtschaftlicher werden würden. Darum erprobte man ab 1992 in sechs Maschinen neue Dieselmotoren: Jeweils zwei kamen von Kolomna (Russland), Caterpillar (USA) und von Krupp Verkehrstechnik. Diese Lokomotiven erhielten ebenfalls die Baureihenbezeichnung 234. Etwa 150 Lokomotiven waren zur Remotorisierung vorgesehen; angesichts der insbesondere hinsichtlich des Kraftstoffverbrauchs unbefriedigenden Versuchsergebnisse wurde dieses Projekt jedoch später von der Deutschen Bahn fallen gelassen.

Bauart	Co'Co' de
Motoren	1 x Kolomna 5 D 49
Zahl der Zylinder pro Motor	16
Höchstgeschwindigkeit	140 km/h
Heizung	elektrisch
Länge über Puffer	20.820 mm
Dienstmasse	122 t
Achsfahrmasse	20,5 t
Leistung	2.200 kW

Baureihe 229

Im Westen ertüchtigt

Umbau 1992

Der Diesellokomotivpark konnte den veränderten Anforderungen des Reisezugdienstes Anfang der 90er Jahre nicht genügen. Insbesondere für den Einsatz vor InterCitys und InterRegios fehlte es an Maschinen mit Höchstgeschwindigkeiten über 120 km/h und einem hinreichenden Dargebot elektrischer Energie für die Versorgung der Reisezugwagen. Deshalb ließ die DR zwanzig Lokomotiven der Reihe 119/219 bei Krupp Verkehrstechnik in Essen rekonstruieren und reihte sie danach unter Beibehaltung der alten Ordnungsnummer als BR 229 ein.

Die Modernisierung kam vom Umfang her einem Neubau nahe. Die Loks erhielten neue aufgeladene MTU-Zwölfzylindermotoren und überarbeitete Getriebe aus der Strömungsmaschinen GmbH Dresden. Die Gesamtleistung der beiden neuen Generatoren für die zentrale Energieversorgung des Zuges lag bei 800 kW. Kühlanlage und Lüfter erfuhren Veränderungen. Die Drehgestelle wurden lauf- und bremstechnisch für 140 km/h Höchstgeschwindigkeit angepasst, die Bremsausrüstung vollständig erneuert. Die Führerpulte mit Taststeuerung entsprachen den modernen Einheitsführerständen der Bundesbahn. Mit 2.760 kW Motorleistung waren die Loks die stärksten dieselhydraulischen Lokomotiven der Deutschen Bahn.

Es fehlte von vornherein eine plausible mittelfristige Einsatzkonzeption für die Lokomotiven. In den ihnen eigentlich zugedachten Diensten konnten sie schnell durch besser geeignete 234er oder gar durch Elloks ersetzt werden. So kam es, dass die aufwändig umgebauten Lokomotiven bereits nach etwa zehn Jahren Einsatz (überwiegend in eher untergeordneten Diensten!) abgestellt wurden.

Bauart	C'C'dh
Motoren	2 x MTU 12 V 396 TE 14D
Zahl der Zylinder pro Motor	12
Höchstgeschwindigkeit	140 km/h
Heizung	elektrisch
Länge über Puffer	19.500 mm
Dienstmasse	96 t
Achsfahrmasse	16 t
Leistung	2 x 1.380 kW

Baureihe 112.1

Erste gesamtdeutsche Lokomotive

112.101-190

Baujahre 1992–1994

1991 bestellten die Deutsche Reichsbahn und die Deutsche Bundesbahn gemeinsam bei AEG eine weitere Serie der Baureihe 112. Die insgesamt 90 Lokomotiven mit der Reihenbezeichnung 112.1 sollten je zur Hälfte als 112 101 – 145 an die DR und als 112 146 – 190 an die DB gehen. Als die Beschaffung im Mai 1994 abgeschlossen war, gab es weder Reichs- noch Bundesbahn. Unabhängig von ihrer Zuordnung zu DR oder DB wurden alle Lokomotiven beim Bahnbetriebswerk Berlin Hbf beheimatet. Das Einsatzgebiet der Lokomotiven umfasste alle für 160 km/h zugelassenen Strecken der Deutschen Reichsbahn, bei der DB kamen die Lokomotiven zunächst vorwiegend vor InterRegio-Zügen zwischen dem Ruhrgebiet und Bremerhaven sowie im Ost-West-Verkehr über Hannover und Magdeburg nach Berlin zum Einsatz. DR- und DB-Lokomotiven wurden dabei in gemeinsamen Umlaufplänen eingesetzt.

Technisch gleicht die Baureihe 112.1 weitgehend der Baureihe 112.0.

Mit Fug und Recht kann man die Baureihe 112.1 als „erste gesamtdeutsche Lokomotive" bezeichnen: Am 22. November 1991 hatte die AEG ihr 1946 enteignetes Werk in Hennigsdorf von der Treuhandanstalt zurückerworben. Damit verbunden war eine Garantie der weitgehenden Kapazitätsauslastung und Weiterbeschäftigung des Stammpersonals. Dass die Deutschen Bahnen ihren ersten gemeinsamen Lokomotiveinkauf in Hennigsdorf tätigten, war auch wirtschaftspolitisch gewollt und gesteuert. Die Bundesrepublik stellte hierfür erhebliche Fördermittel aus dem Programm „Aufbau Ost" bereit.

Im Übrigen konnten die deutschen Bahnen mit dem Kauf der 112.1 unverhofft rasch einen erheblichen Mangel an elektrischen Lokomotiven für den IC- und IR-Verkehr mit 160 km/h Höchstgeschwindigkeit beheben.

Bauart	Bo'Bo'
Raddurchmesser	1.250 mm
Höchstgeschwindigkeit	160 km/h
Antrieb	Kegelringfeder
Heizung	elektrisch
Länge über Puffer	16.640 mm
Dienstmasse	82,5 t
Achsfahrmasse	20,5 t
Stundenleistung	4.220 kW
Geschwindigkeit bei Stundenleistung	130 km/h

Bildnachweis

2 Schütze (Schnellfahrlokomotiven im Bahnbetriebswerk Halle P, 1976)
6 Slg. Reimer (Halle [Saale] Hbf, 1961)
7 Slg. Reimer (Baureihe 23 und Köf am 7. Juni 1958 im VEB Lokomotivbau „Karl Marx" Babelsberg)
9 Slg. Rampp (Transport der „Jugendlok V. Parteitag" zu einer Propaganda-Ausstellung in Berlin, 1958)
11 Slg. Schütze
12 Illner/Slg. Heym
13 Illner/Slg. Heym
14 Rbd Halle/Slg. Rampp (1952)
15 Slg. Schütze (oben); Slg. Rampp (unten) Bahnbetriebswerk Berlin Ostbahnhof, 12. August 1952)
16 Slg. Reimer (Eisfelder Thalmühle, 25. Juli 1958)
17 Seitz
18 Slg. Moritz
19 Dürlich/Slg. Schütze (Reichsbahn-Ausbesserungswerk Wittenberge, 1969)
20 Slg. Schütze
21 Bellingrodt/Slg. Hörnemann
22 Slg. Reimer (Führerstand der 65 1001 im Ablieferungszustand, 1954)
23 DR/Slg. Rampp (Bahnbetriebswerk Berlin Ostbahnhof, 25. Juli 1963)
24 Slg. Reimer (links: Haldensleben, 1963); van Engelen (rechts: Saalfeld 1966)
25 Slg. Reimer (Babelsberg, 1955)
26 Slg. Rampp (Arnstadt, 1961)
27 Rbd Halle/Slg. Rampp (1962)
28 DR/Slg. Rampp (1952)
29 H. Müller
30 Slg. Reimer (50 4088, die letzte Neubau-Dampflok der DR nach ihrer Fertigstellung im VEB Lokomotivbau Babelsberg)
31 DR/Slg. Reimer
32 Grass/Slg. Hahn (Probefahrt des Raw Meiningen, 1975)
33 Thomas (Bw Werdau, 1975)
34 Slg. Hahn (Roitsch, Mai 1964)
35 Kieper (Magdeburg, August 1967)
36 Slg. Reimer (Probefahrt der Baumusterlokomotive, 1958)
37 Slg. Reimer (Vorbereitung der Baumusterlokomotive für eine Indizierfahrt, 1958)
38 H. Müller
39 Slg. Hahn
40 Lange (Stralsund, März 1968)
41 Wollny (Berlin Zoologischer Garten, August 1975)
42 Slg. Hahn (Probezerlegung der Baumusterlokomotive im Raw Dessau, 1960)
43 Slg. Schütze (oben: Berlin Warschauer Straße, 1961); Slg. Rampp (unten: Leipziger Frühjahrsmesse, 1959)
44 Rbd Halle/Slg. Rampp
45 Slg. Wilke
46 Slg. Schütze (Halle-Neustadt, 1968)
47 Slg. Rampp (Vorstellung des Baumusterzuges, 1960)
48 Rbd Halle/Slg. Rampp (1961)
49 Rbd Halle/Slg. Rampp (Leipziger Messe, Juni 1960)
50 Slg. Reimer (Bw Elsterwerda, 1965)
51 H. Müller
52 Slg. Heym
53 Schütze
54 Kintscher (oben); Rbd Halle/Slg. Rampp (unten: Bw Halle P, 7.1.1966)
55 Slg. Heym (Versuchsfahrt auf der Strecke Freital-Hainsberg – Kurort Kipsdorf)
56 Slg. Hahn
57 Kirsche (Führerstand einer E 11, 1967)
58 Slg. Hahn
59 Schütze (links); Slg. Heym (rechts)
60 Schütze
61 Slg. Hahn (oben: 18 201 noch mit Rostfeuerung, VES-M Halle, 1961); Hahn (unten)
62 W. Müller (oben); Slg. Kirsche (unten: Leipzig Hbf, 1962)
63 Slg. Grundmann
64 H. Müller
65 H. Müller
66 Schulz (Potsdam, 1993)
67 Slg. Kirsche (Regierungssonderzug für Willy Brandt am 19. 3.1970)
68 DR/Slg. Reimer (Bw Halle P, 1963)
69 H. Müller
70 DR/Slg. Rampp (Probefahrt in Erkner, 21. April 1965)
71 Miethe (Chemnitz, 1. Mai 1997)
72 Lange/Slg. Schütze (Februar 1965)
73 Kieper (oben: 1967); Slg. Hörnemann (unten: Leipziger Frühjahrsmesse 1964)

74 Slg. Hahn (Wiesenburg, 23. September 1973)
75 Slg. Schütze (oben: Halle [Salle], 1971; unten: Max Baumberg [rechts im Bild] auf dem Führerstand der 04 0015 [ex 19 015])
76 Kirsche (Leipziger Frühjahrsmesse 1969)
77 Werkfoto/Slg. Hahn (Montagehalle im Lokomotivbau Babelsberg, 1965)
78 Kirsche (Rübelandbahn 1969)
79 Werkfoto LEW/Slg. Hahn (LEW-Testgleis, 1965)
80 Miethe (Schönhausen [Elbe], 29. September 1998)
81 DR/Slg. Heym (Leipziger Frühjahrsmesse 1965)
82 Slg. Schütze (VES-M Halle, 1967)
83 Leyer/Slg. Hahn (Leipzig 1966)
84 Hubrich
85 Slg. Rampp (oben links: Leipziger Frühjahrsmesse 1973); Lange/Slg. Schütze (Messfahrt mit der 78 425 als Bremslok, 1967); H. Müller (links unten)
86 Rbd Halle/Slg. Rampp (Leipzig Hbf, 17. Oktober 1966)
87 Rbd Halle/Slg. Rampp (Bw Leipzig Wahren, 20. Februar 1967)
88 Slg. Schütze (Dessau, 15.6.1968)
89 Schütze (rechts oben: Versuchsausführung mit Kunststoffbug und Vollsichtkanzel; links: Führerstand der 118 388)
90 Wunschel (118 745 bei Cranzahl, 2. Oktober 1990)
91 Kieper (Bw Blankenburg [Harz], 1971)
92 Mehnert/Slg. Hahn
93 Weise
94 Miethe (Blumberg, 3. Mai 1992)
95 Slg. Hahn (Stiege, 3. Juni 1984)
96 DR/Slg. Rampp (Bw Berlin Ostbahnhof, 6. Februar 1969)
97 Miethe (Betriebshof Chemnitz, 7. Mai 1994)
98/99 Miethe (li.: Betriebshof Chemnitz, 7. Mai 1994; re.: Bw Halle G, 15. August 1987)
100 Schulz (Lichtenhain a d Bergb, 24. April 1982)
101 Miethe (Leipzig Hbf, Januar 1991)
102 Rbd Halle/Slg. Rampp (Bw Halle G, 1973)
103 Miethe
104 Koschinski
105 Klein (links); Miethe
106 Wolfgang Fiegenbaum (Leipzig Hbf, 1976)
107 Werkfoto/Slg. Hahn (LEW Hennigsdorf, 1973)
108 Werkfoto/Slg. Hahn
109 Rampp (re.: Baumusterlok auf der Leipziger Frühjahrsmesse 1974)
110 Hahn (Führerstand einer 250, 1991)
111 Kirsche (re.: Baumusterlok bei ihrer Präsentation 1976); Hahn (li.: Stralsund, August 1978)
112 Miethe (Bw Chemnitz, 16.5.1992)
113 Mehnert/Slg. Hahn (Messtechnische Erprobung in der VES-M Dessau, 27. Februar 1978)
114 Hahn (Probefahrt des Raw Stendal in Niedergörne, 1991)
115 Schütze (Halle [Saale] Gbf, 1988)
116 DR/Slg. Hahn
117 Schulz (Müncheberg, 28.10.1989)
118 Werkfoto/Slg. Hahn
119 Miethe (Bw Haldensleben, 19. Mai 1991)
120 Schütze (VES-M Halle, 1982)
121 Hahn (Leipziger Frühjahrsmesse 1982)
122 Werkfoto/Slg. Hahn (110.9 mit Grabenräumeinheit im Einsatz); Hahn (CSD-Version auf der Leipziger Frühjahrsmesse 1982)
123 Hahn (spätere 111 001 auf der Leipziger Frühjahrsmesse 1982)
124 Miethe
125 Schulz (Lichtenhain a d Bergb, 31. Januar 1993)
126 Schütze (Bw Halle P, November 1986)
127 Uwe Cieslak (li.: Montage bei LEW Hennigsdorf, 1990); Schulz (re.: AEG Hennigsdorf, 4. September 1993)
128 Schütze (Berlin-Grünau, 1987)
129 Schulz (Berliner Stadtbahn, 1991)
130 Preuß (Fährkomplex Mukran, 1991)
131 Hahn (li.: Leipziger Frühjahrsmesse 1987); Miethe (re.: Weißig, 8. April 1989)
132 Kirsche (Bw Dresden-Friedrichstadt, 1990)
133 Miethe (Bad Schandau, 1991)
134 Miethe (Wernigerode, 1992)
135 Schulz (li.: LEW Hennigsdorf, 18. Oktober 1990); Hahn (re.: Cottbus, Mai 1991)
136 Hahn (Führerstand der 252 004)
137 Hahn (Leipziger Frühjahrsmesse 1991)
139 Miethe (Leipzig Hbf, 1995)
140 Volker Emersleben (li.: Führerstand der BR 229); Schulz (re.: Bw Berlin-Pankow, 2. November 1994)
141 Schulz (AEG Hennigsdorf, März 1994)

Literatur und Quellen

Die Texte dieses Buches sind nach Beiträgen von

Clemens Hahn,
Axel Enderlein,
Wolfgang Glatte,
Erich Preuß,
Michael Reimer,
Manfred Weisbrod,
Hans-Joachim Weise und
Hans Wiegard

in Sonderheften der Reihe „Fahrzeug-Katalog" (©Gera Nova Verlag München, 1993 – 1996) redaktionell neu bearbeitet, ergänzt und aktualisiert worden.

Als Quellen wurden daneben verwendet:

Glatte: Diesellok-Archiv, Berlin 1986

Knipping: Album der DB-Lokomotiven, München 1999

Müller (Hrsg.): Merkbuch für Triebfahrzeuge. Die Dampflokomotiven der Deutschen Reichsbahn (Reprint), Leipzig 1987

Müller (Hrsg.): Merkbuch für Triebfahrzeuge. Die Elektro- Diesellokomotiven und Triebwagen der Deutschen Reichsbahn (Reprint), Leipzig 1991

Rose (Hrsg.): Lexikon der Lokomotive, Berlin 1992

Schlegel/Bochmann: Dieseltriebfahrzeuge, Berlin 1978

Reinhardt u.a.: Strecken-Diesellokomotiven, Berlin 1981

Weisbrod/Müller/Petznick: Dampflokomotiven. Baureihen 01 bis 39, Berlin 1993

Weisbrod/Müller/Petznick: Dampflokomotiven. Baureihen 41 bis 59, Berlin 1994

Weisbrod/Müller/Petznick: Dampflokomotiven. Baureihen 60 bis 98, Berlin 1994

Weisbrod/Wiegard/Müller/Petznick: Dampflokomotiven. Baureihe 99, Berlin 1995

Valtin: Verzeichnis aller Lokomotiven und Triebwagen (Bände 1 bis 3), Berlin 1992

Zschech: Akku- und Elektrotriebwagen, Berlin 1992

Zschech: Dampf- und Verbrennungstriebwagen, Berlin 1993

Zeitschrift „Eisenbahnpraxis", Berlin 1972 bis 1990

Zeitschrift „Schienenfahrzeuge", Berlin 1968 bis 1990

Firmenschriften und Drucksachen des VEB Kombinat Elektrotechnische Werke Hennigsdorf und der Deutschen Reichsbahn im Privatarchiv des Herausgebers